自分の農地の
風《ふう》・水《すい》・土《ど》
がわかれば農業が100倍楽しくなる

田村雄一［著］

築地書館

タイトルの「一〇〇倍」というのは、農業で大金を儲けることではありません。お金儲けで楽しく感じるのは、せいぜい数倍でしょう。よく言われるように、お金と楽しさ（幸せ）はイコールではないのです。

一〇〇倍というのは、イマジネーションの世界への挑戦です。

大切なのは……あなたの「脳」が「農」を楽しいと思え、幸せに感じられるかどうかです。

目次

序章　いま、農業界には新たな概念が求められている

第1章　風㊌土について

第2章　風《ふ》について

第3章　㊌《う》について

第4章　土《ど》について

第5章　風㊌土の多様性戦略

第6章　理想の農空間構想と実践（事例4）

序章　いま、農業界には新たな概念が求められている

南北に長く、サンゴ礁から万年雪までさまざまな景色が広がり、標高が三〇〇〇mを超える山岳や火山も有する列島、それが日本です。一つの国内に多様な気候があり、また食べ物があります。そこで暮らす人々には、多様な気候・地形に沿った伝統的な暮らしがあり、農業をはじめ、林業、漁業、そして製造業や工芸、さらには販売業にいたるまで、さまざまな生活、生産様式が受け継がれています。

これらを風土と呼び、風土との結びつきと人間の活動は切っても切れない関係にあります。さて、そうした地域固有の風土に変化が訪れているように思います。それは受け継ぐ人たちの変化です。

これまで人間の生活・生産活動は、それぞれの地域固有の風土に馴致《じゅんち》・順応してきました。ところが近年になり、風土と無関係に営めるように進化した人間活動が主流になりつつあります。それは、人々の暮らしが都市型になっていったのと同様に、食べ物においても伝統食への依存度が低下し、コンビニや外食で手に入るバラエティに富んだ食事であったりファストフードであったりする方向へと、人々の志向が向かっているということです。

また農業生産スタイルも、密閉隔離型の温室での多収栽培が一般化し、種子においても地域固有の種子で栽培する人たちが激減してきました。

その方向性が間違っているというのではありません。ただ、この傾向が続いた場合、将来的に持続可能な日本人の生活・生産様式になるのかと問いかけたいのです。

環境の変化は、作物の生産においても顕著です。気候変動や環境汚染、資源枯渇に自然災害、海外を含めたサプライチェーン（商品生産の流れ）の分断、労働力不足、さらには予想外のさまざまな事象が発生し、それらが従来行ってきた生産体系に大きな影響を与えます。

そうした中、汎用性や弾力性のない生産様式では、たった一つの歯車が欠けただけで、生産ができなくなります。それは飛行機の小さなリベットと同じです。小さなリベットが一つ足りないだけで、飛行機は飛ぶことができません。

本書では、工夫や考え方で、自立した持続的発展可能な栽培・農業はできないだろうかと考えていきます。

そもそも、地域の風土と呼ばれるものは地域固有の特性で、このマクロな風土に抗うことはできません。

読者であるみなさん個人でできること。それは、自分の目が届く、行き届いた管理のできる空間での試み・挑戦です。菜園畑、小さな田畑、農場単位が理想だと考えます。本書ではその小さな単位を、「マクロな風土」に反して「ミクロな風土」と呼びます。

なおここでは、ミクロな風土における基本的な考え方を、「風《ふ》㊌《う》土《ど》」と呼ばせていただきます（※本タイトルは書誌情報に整合させるため、風水土《ふうすいど》としています）。㊌《う》は、上空から落ちてきて地面を潤し地面に浸透していく水、つまり雨とも置き換えることができます。ですから、㊌を雨の音読みで「う」と読ませていただきます。

風㊌土は、風・㊌（水）・土の三つに分けて、それぞれを小さな単位ごとに、自立した美しい農空間をデザインすることです。その結果作り上げられた空間を、あなたの心が「居心地いい空間だ」と幸せに感じられるようになることが本書のねらいです。

■なぜいま、風《ふ》㊌《う》土《ど》なのか

風土は、ローマ字で記すとＦＵＵＤＯですが、ＦＯＯＤ（食べ物）と非常によく似ています。もし仮に「ＦＯＯＤ×風土」と表記すれば、×《かける》は「作られる」という動詞で結びつきます。そうです。風土は、食べ物（ＦＯＯＤ）を生み出す重要な要因の一つなのです。

本書の目的は、風土は地域固有のものであるという従来の考え方に則って、地域ごとの栽培手法を展開することではありません。ミクロな風土、つまり小さな畑の中で風㊌土をきちんと理解して作物を作ることができれば、日本全国いかなる場所いかなる作物においても栽培が容易になります。それを目指すのです。

「栽培が年々難しくなる。どうしたものか」という言葉をよく耳にします。それは、就農間もない若い人が言う言葉ではなく、何十年も栽培をしてきたプロ農家の声なのです。さらに、これはある地域に限定されたものではなく、あらゆる地域、あらゆる作物で生じている切実な悩みなのです。

では、なぜ難しくなってきているのでしょうか。取沙汰されるのは、地球温暖化です。以前より収量が減った、甘味が落ちた。腐りが早まった。害虫が増えた。いままでなかった病気が出るようになった。短時間豪雨が増えて、種を蒔《ま》いても発芽しない。こうした栽培上の問題が多出するようになった原因を、地球温暖化という地球規模の変化に求めているだけなのです。

その原因と結果を論述するのは、他の本に譲ります。

なぜ、いまミクロな風土、風㊌土を再考しなければならないのでしょうか。それは、まさに菜園や農園で起きている諸問題が、販売されている農薬や資材の手に負えなくなってきているからに他なりません。いろいろな農薬や資材を複数組み合わせて苦労して問題を解決するというのは、非常にハイコストです。

一方各メーカーは、そのような農家の声を重く受け止めています。だから、耐ストレス性能を向上させる遺伝子の研究や、干ばつや高温に強く病気にかかりにくくさせるバイオスティミュラントのような資材の開発に躍起になります。

いくつかの商品を列挙しても、毎年のように発売される新商品の出現によって、常に更新しなければならなくなります。そういう農薬や資材で問題が解決するのであれば、その道を選べばいいだけのことです。

ですが、もっと根源的な部分や仕組みを整えるといったことが重要なのではないでしょうか。仕組みは、生産する空間のデザイン、言い方を変えれば風㊌土をデザインすることです。『自然により近づく農空間づくり』（築地書館）の続編である本著は、前著をさらに掘り下げた、理念と技術論をあわせ持った本にしたいと考えています。これらをまとめて教示することで、今後の地球環境の変化に十分耐えうる、いや変化を克服できる方法を伝授できると考えています。

■生産高至上主義

均一な水耕栽培（ハウスの入り口や柱の下とか、場所によって生育環境に違いが生じない）で作られる野菜たちは、一様に形が揃っていて、美しいと形容されます。一方、有機農業の現場では、大きいものもあれば小さいものもあり、不揃いで、個性的な野菜が多いように思います。個性的といえば聞こえがいいですが、市場価値は低くなります。

不揃い、ばらばら、大小さまざま、というのは、農業経営的には改善しなければならない問題点です。家庭菜園でも、技術レベルが高まってきており、良品、さらにおいしく、さらに栄養価が高く、多収量といったものを目指しているようです。

不揃いを改善するのには、いい土を畑全体に広げることが大事になってきます。また水ややり温風・冷風による温度調節、さらに光の強さと時間、炭酸ガス濃度も同様です。こうした諸々の要因を追究し、問題点（うまくいかない理由）を排除、あるいは一般的に推奨される解決方法で課題を乗り越えていけば、必然的に施設型の園芸スタイルへと移行していく道筋を選ばなくてはならなくなります。さらに上を目指して、施設内の軒高やフィルムの素材なども、不揃いをなくすために追究していけば、軒が高くなるし、フィルムも透過性が高い高価な素材を選ぶことになります。

また、土に残留、蓄積していく栄養分濃度が高くなると栽培が容易でなくなり、そういう問題を解決するために、水耕栽培が正しい選択肢だということになってきます。

施設、設備の多投入だけでなくＡＩやロボティクス、ＩｏＰ（植物インターネットクラウドシステム）などのソフトウェアを含めた農業生産システムは、従来型を超えた次世代型農業（スマート農業）と呼ばれています。

しかしそこでやっていることは、作業的にも経営的にもさらには思考的にも、農家の手から

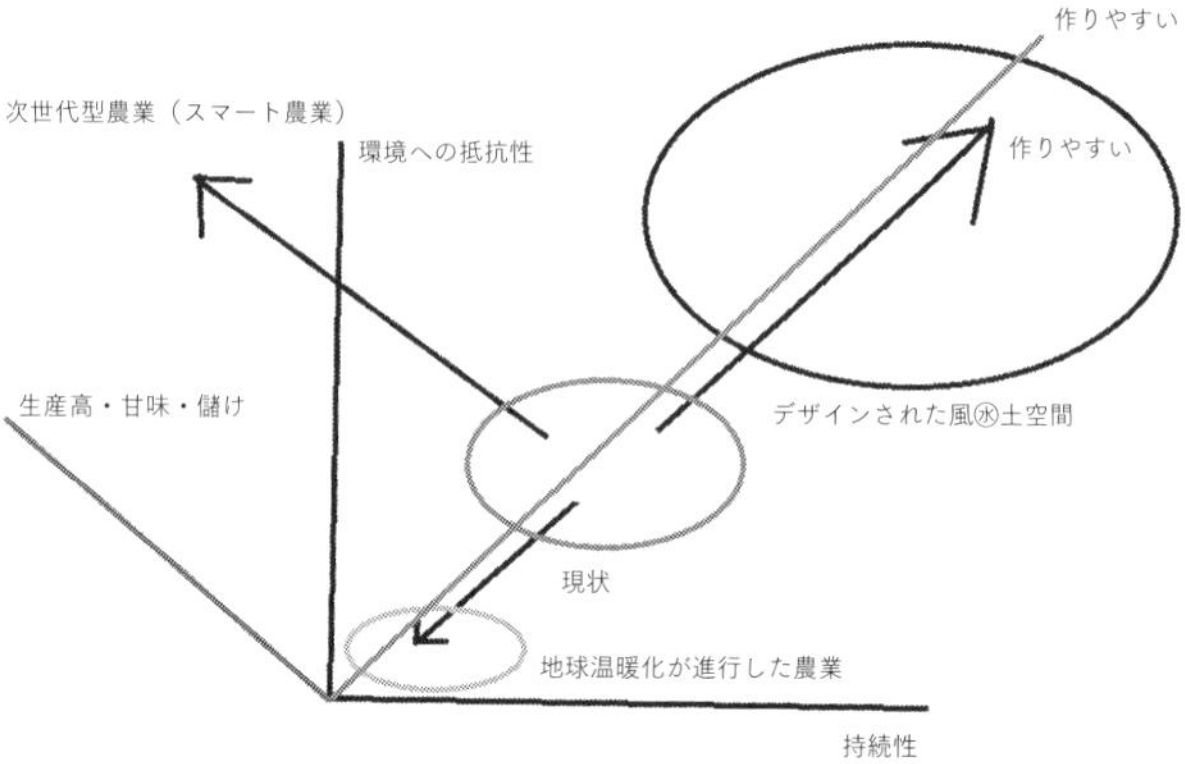

図1　意外ですが、ほとんどの栽培者は、「作りやすい」というベクトルがあることを知らないようです。

一つずつ離れ、外部化が進行しています。外部化しても安定した所得が確保できる、限られた優れた経営体しかできないことです。多くの普通の中小の経営体は、外部化によって、経営が悪化するでしょう。

　ですから、ほとんどの普通の農家は、ハイテクに依存せず、安価なセンサーやタイマー・計測器などを用いて、栽培状況を知り、管理していくべきだろうと思います。

　それがどのような方向性を持っているか。けっして、生産高至上主義であってはなりません。重要なのは、「作りやすい」という方向性です。それなしには、規模拡大もないのです。作りやすいから、省力化できるし、規模を拡大できるし、儲けられるのです。作りにくければ、手がかかり、農薬・肥料・資材費がかさみ、利益も少ない……。

それで規模拡大すれば、経営が破綻します。

図1の説明をします。

これまでの一〇〇年間は生産高・甘味・儲けが先行し、農家はそれだけを追いかけていればよかった時代でした。しかし、現在は悪化する環境への抵抗性がないと、生産力が低下していきます。地球温暖化が進むにつれ、農業はより難しくなっていきます。その解決策として次世代型農業（スマート農業）が登場してきているのですが、これは全国の大部分の中小農家には不向きな選択肢です。また持続可能性という点では先の飛行機のリベットと同じで、電話会社のシステムエラーで通信機能が失われただけで、生産がストップしてしまいます。やはり、今後の農業を考えていくためには、もう一つのベクトルが必要になってきます。それが、「作りやすい」という方向性です。

■想定する人、「解く農家」

「篤《とく》農家とは？」と質問されたら、筆者は迷わずこう答えます。「種袋の写真と同じものを生産できる人のこと」と。当然、生業としての安定した収量もついてきます。

つまり市場システム下において、農業生産に向いている人ということです。

種袋の写真は、種苗会社が選抜を繰り返し、能力を特化させてきた選りすぐりの種子です。それがどのような形や色になるかは、最高の撮影技術でモデルのように撮影されます。種苗会社で作り出したモデルと同じものを農家の側で再現できるのなら、それは高い技術力によるものです。多くの栽培者には、その再現が難しいのです。

こうした篤農家にとって、筆者の理論はさほど興味がわく内容ではないかもしれません。また、生産量を最大限に高め、所得の増大を図る農家にとっても、本書に書いてある内容は取るに足らないものかもしれません。

なぜなら、筆者は本書で、今後確実に起きるであろう、地球温暖化による気候変動、そしてそれに伴う災害、さらに栽培環境の悪化、こうした事態に対応しうる栽培のあり方を探ろうとしているからです。

現在、農家間の有機/慣行農法の境界は不明瞭になってきています。有機ＪＡＳ（日本農林規格）という法的な定めによる境界は曖昧で、「私は有機農家だ」という人はたくさんいます。単に農産物に「有機」の表示ができるかできないかだけの違いです。有機ＪＡＳ認証農家は約四〇〇〇戸、未認証であっても実質的に有機農業に取り組む農家は約八〇〇〇戸あるようです（平成22年度有機農業基礎データ作成事業報告書）。

当然のことですが、農薬や化学肥料を積極的に使いたがる人はいません。できるなら、使いたくないはずです。農薬や化学肥料を使う農家の中にも、アミノ酸や堆肥、ぼかし肥料など、有機質資材を使う人はたくさんいます。

では、本書はどのような人を想定したらよいのか、本書をまとめながら考えました。結論としては、農薬や化学肥料の使用・不使用、自然栽培などを、あまり区別しません。

別の言い方をすれば、多くの農家が、作物を栽培するための答え（コツや裏技）だけを欲しがります。どうすれば、うまく作れるか。答え（コツや裏技）を得ようとすることが間違っているのではありません。何が問題かというと、その問題を自分で解こうとしないことが問題なのです。ある農法をそのまま受け入れてしまう農家は、篤農家にはなれるでしょうが、「解く農家」にはなれません。篤農家は、お金を稼いで満足でしょうが、それだけです。一〇〇倍楽しむには、お金以外の要素が重要なのです。

作物だけにとらわれないこと。これこそが、農業を面白くする鍵なのです。面白くする鍵は何か。その鍵は、作物圏という「異なる生物どうしが結びついた家族のような集まり」なのです。「作物圏」は筆者の造語です。作物圏は作物を取り巻く環境や生き物たちを含めた空間であり、それが風㊌土の最も基本の考え方なのです。

■想定する空間「作物圏」

作物圏は、作物を含む異なる生物たちの集合体で、害虫も作物圏を取り巻く一部（作物圏の外側に必要な存在）として含めます。驚かれるかもしれませんが、実は害虫にも役割があるのです。それは、農家（栽培者）が栽培ルールを守っているかを監視する警官のような役割です。栽培ルールとは、大きな実をつけるとか、甘い実をつけるとか、多収するとかという農家の経営本位のルールではありません。

農家は、それがルールだろう、と反論されるでしょうが、それをやってしまうと、害虫が駆けつけて取り押さえにきます。

重要なのは、「自然界のダイナミズムにうまく整合したルールなのか、自然の摂理に反していないか」ということです。無理をしない、独りよがりにならない、共存する――こうしたルールが大切なのです。実は、筆者も何度も、害虫によって逮捕され、自然界のルールを遵守する大切さを痛いほど思い知らされました。

作物圏は、あたかも人間の「家族のような結びつき」です。家族の中の子どもの問題は、家庭内の不和などが原因だとよく言われます。子どもが発する声は、家族という人間社会圏のSOS信号なのです。

害と呼んで悪者にしてしまうのは、都合が悪いからそうしているだけです。殺虫剤のような農薬を使うことを、農家は散布と言わず「消毒」すると言います。多くの栽培者にとって、害虫や病原菌は毒なのです。しかし、よく考えてみてください。本当は、農薬のほうが毒であるということを忘れていませんか。ですから、本当の「消毒」とは、毒である農薬を使用しない（消す）ということですよ。

こんなことを言うと、篤農家のみなさまからお叱りを受けるかもしれません。ですが、言わせていただきます。「あなたが優れた農家であるのなら、もっとおおらかで寛容な精神に立ち、害虫や病原菌が伝えようとしているメッセージに耳を傾けてください」

そんなの聞こえない、聞く必要ない。農薬を使えば、いなくなる。という方は、もうこれ以上読み進めたくないかもしれませんが、そういう方にこそ、本書を読んでいただきたいのです。

ただの雑草、ただのセンチュウ、ただの虫。これらを総合的に育てることが、これからの農業であると考えます。なぜなら彼らは、そこにある良好な水、酸素、熱、栄養素などを作物と共有しているからです。共有しているということは、すべてのバランスが取れているということの証です。

関係の薄い、ただの虫たちを家族に加えると、大変な数になるので、作物圏という概念を作りました。この作物圏は、農地生態系の中心に位置するものです。あくまで作物だけが主体ではないということです。作物と共存共栄する生物を含めた概念です。

図2　一般の生態ピラミッド。上位にいる害虫だけでなく底辺の病原菌もやっつけて、作物を頂点に置きます。そうすると底辺も小さくなり、高さも低くなります。（多福生態ピラミッドのイメージは p. 140 参照）

それは訪花昆虫であったり、混植植物（バンカープランツ）、内生菌（エンドファイト）、菌根菌などの根圏微生物。根圏微生物は、根面に微生物が密生することで、有害微生物の攻撃から植物の根を守るバリアの役割を果たしています。

さらに、家族からは少し離れて親戚のような位置づけになりますが、アマガエルやテントウムシ、カマキリ、ツバメ、コウモリなど、こうした二次的な存在も含めることができると思います。

マダラホソアシナガバエというアブに近い種がいます。ハエと聞くだけで、汚いものにたかる虫と決めつけてはいけません。肉食でアブラムシやダニを捕食する美しい小さなハンターなのです。

名も知らぬ多くの親戚のような生き物に包まれ、その外側に害虫と呼ばれる虫たちが、中の様子が適切かを見張っています。

一般の生態ピラミッドでは、頂点に作物が君臨します。ですから、栽培中に作物の上に害虫や病原菌が現れると、作物の上に何もいない状況を、消毒という方法で人工的に作り出します。底辺の土壌中の生物においても同様です。作物の下に何もいない状況を作り出します。

しかし、作物圏をピラミッドの中心に据えようとすれば、底辺は必然的に大きくなければなりませんし、作物圏の生き物すべてが良好な農空間で営みを続けていけるようにしなければなりません。この構造は、環境の変化に対応し、持続可能な農業へと進化させていくためには、非常に重要な捉え方だと考えています。作物圏を中心に据えたこの考え方が、後述する「多福生態ピラミッド」です。

第1章　風㊌土について

■霧の出るところは野菜や果樹、お茶がおいしい

こういった話をよく聞くことでしょう。霧の出るところというのは、水辺が近くにあったり、地形的に昼夜の温度差が生じやすいところです。筆者が住む高知県佐川町《さかわちょう》という地域も盆地で昼夜の温度差があり、霧の多い場所であり、お茶の有名産地です。

では、霧がなぜおいしさに好影響を与えているのでしょうか。山間地で霧が発生するのは、水蒸気を多く含んだ空気が冷やされるからです。空気に溶ける量が一〇〇%に達すると飽和状態となり、余った水蒸気が小さな水の粒となって空気中を漂います。これが白く見えるということです。

作物がおいしくなる理由は、太陽光が霧（水の粒）に当たって乱反射して、あたり一面が光り輝くから。最近では乱反射機能を有する温室のフィルムがあります。つまり乱反射光は作物の生育に効果があるようです。

気象学的には、朝霧が出ると、その日は晴れると言われています。朝霧の出るところは晴れが多いと言えるのかもしれません。晴れるということは、光合成が活発になるということです。

さらにそれ以外の理由を考えてみます。霧の水の粒は、太陽光が差し込んでも、葉の表面に長い間付着し続けます。その時には、たいてい地面にも水が十分あるため、葉の気孔は開いて、地下の水分を吸い上げることができ、炭酸ガスを吸収し、光合成を活発にさせることができま

す。霧が晴れてしまえば、その状態は収まりますが、晴れるまでの時間は活発化するため、短時間でも大量の光合成産物を作り出すことができるというわけです。

朝霧が発生しない場合は、晴れて日射が差し込むと空気中の湿度がみるみる下がり、乾燥した状態になります。そうすると、植物は乾燥という非常時に備えて、気孔を早々に閉じてしまいます。気孔が閉じられると、光合成が中断されるために、光を葉で受け止める必要がなくなります。

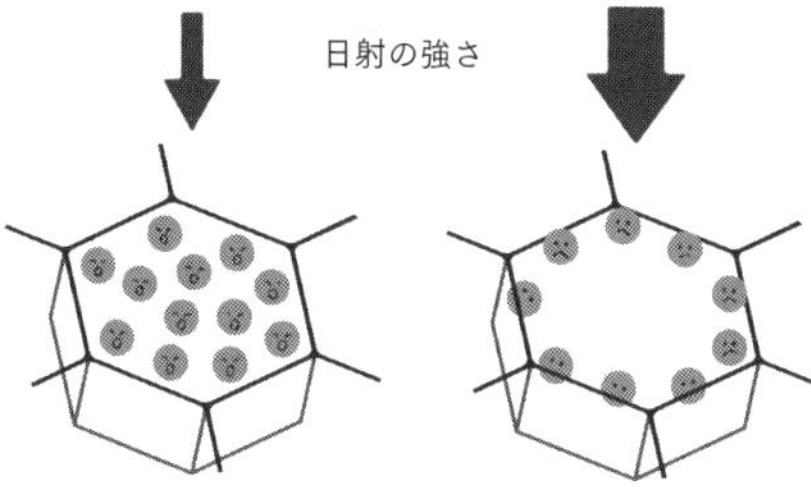

図３　葉緑素は日射が弱ければ葉緑体の中央に集まりますが、強すぎる日射を回避するように移動します。

さらに乾燥と日射量が強くなると、明反応（チラコイド反応）が進み、水を酸素と水素に分解し、過剰で危険な状態（水素、酸素ともに燃焼する）になるので、これ以上反応をさせないようにします。植物内部の働きとして、葉の中で葉緑素の位置を中央付近から端へ短時間で移動させ、光合成をなるだけ行わないようにします。また、少し時間が経てば、光を最大限に受け取ることができる理想のV字の葉形から垂れるような形に変え、日光が葉に直角に当たらないようにします。

それはあたかも、人間が強い日差しを避けるために体を丸め

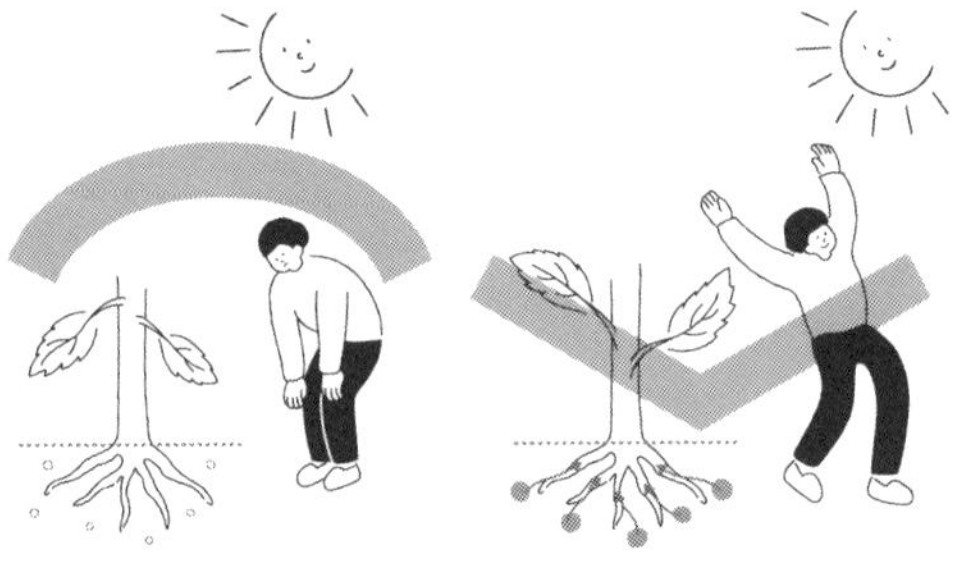

図４　人間が日光を浴びる様子と、葉が日光を受け止める様子は同じです。

るのと同じです。葉がだらりと垂れ下がった姿は、光合成を「放棄」している植物の姿であるといえます。

この植物の光合成放棄は、霧によって減らすことができます。つまり、空気中には気孔を開いても大丈夫だと植物が判断できるくらいの適度な湿度があり、植物は活発に光合成をするのです。

これらのことは栽培者が一番よく知っています。朝一〇時くらいに水やりをするとよくわかります。水やりをした後に観察していると、垂れていた葉が起き上がり、再び葉を太陽の方向に向けるのです。

夜間に窒素などの養分を葉に移動させて、光合成のスタートラインに立っている朝は、植物にとって最も大事な時間帯です。朝の七時から九時くらいの間に気孔が開いて光合成が活発になり、午前中に光合成全体の八割が行われると言われていますので、朝の絶好の時間帯に光合成ができるのとできないのとでは、生育量に大きな違いが生じてきます。

これは朝霧の話です。一方夜霧はどうかというと、夜温を下げるため、夜霧は植物の呼吸量を減らすことができます。

とくに気温が高い夏の夜は、呼吸量が多くなるためエネルギーを激しく消耗することになり、植物は、日中に作った実や根に回すはずのエネルギー（糖）の多くを呼吸で消費してしまいます。そうなると、実や根に貯まるはずの糖分が少なくなり、味がおいしくなくなります。しかし夜霧があれば、夜温がさほど上がらず、呼吸量が減って無駄なエネルギーを消耗することがなくなり、日中の糖分を、実や根にたくさん回すことができます。だから、甘くおいしくなるのです。

■風土に則ったモノづくりが理想

霧の多い場所での例は、好例ですが、その逆もあります。

ある山間地で、カマンベールチーズづくりに挑んだ組織がありました。ドイツから職人が来て試験を繰り返したのですが、うまくいかなかったのです。その地域には梅雨があり、カマンベールに必要な白カビより青カビが優勢で、部屋の中に白カビが常駐できなかったことが理由だったと聞きました。風土が違えば、栽培だけでなく加工も容易でなくなるということです。

この事例のように、新しい商品を開発する際には、それが風土に合ったものであるか慎重に検討しなければなりません。

また、種子袋の裏面に書かれているように、寒地、暖地、中間地といった区分も、栽培するうえで非常に重要です。当然ながら、書かれている時期に則って栽培すれば、その地域で最も無難に栽培できるということです。

ただ、その時期に栽培するということは、家庭菜園でも同様に作れるということなので、収穫時期つまり地域全体の旬が重なってしまい、その時期には農作物があふれ、地元の直販所などで販売する農家としてはメリットがありません。

無理をして促成や抑制を選択しなければ、販売農家としての収入が確保できないということなのです。そのため、販売農家ではあえてリスクの高い、つまり地域の栽培暦を少しずらした栽培に挑むというのが通例だと思います。

この少しずらした栽培には、さまざまな工夫や、一般の栽培者が使わない特殊な肥料や資材が欠かせません。とくに促成の場合は、素人の菜園では用いられることのない、プロの技術が必要になります。これによって、端境期やめずらしい時期に、高値販売が可能となります。ですが案外、高値取引されても経営上は経費がかさみ、思ったような所得を得られないという問題があります。

このように販売農家は、風土に抗うようにして経営を維持しているのですが、種子袋に書かれたようなモノは作れても利益を生み出すことが難しいのが実状です。これが「消費主導で農家が成立している日本の農業の姿」です。

さらに農業資材や肥料だけにとどまらず、品種に関しても同様で、在来種を大切に種取り保管して翌年も栽培し、世代を超えて継承してきた昔の農家の姿は、いまはもうあまり見られなくなってしまいました。

F1種子やウイルスフリー、遺伝子組み換えといった、より消費者の嗜好に沿った、また病虫害を回避できるものへと、農家が使用する種子が変容してきました。これは、農家がより売れる野菜を求めた結果ですから、それに応えるように種苗改良技術が進化した結果です。

多くの消費者や農家から人気がなくなった在来種子ですが、在来種子はその地で伝承され、培われたものであり、種子の中に組み込まれた遺伝情報には、その地で幾度となく経験してきた異常気象を耐え抜く情報が刻まれています。それはこれからの異常な環境にも耐えうるサバイバル情報だと思います。

サバイバル情報は、地域に根ざしているということであり、利点でもあります。そのため、異常気象や時期をずらした栽培など、栽培環境が厳しくなった時には、この利点を持つ在来種には、無難に栽培できるという生き残り戦略があるのではないかと考えています。

このように風土に合った種子を伝承したモノづくりは理想ですが、F1種子などが広く普及し、消費者の好みが最優先される現状では、在来種子を選びましょうと言っても、残念ながらある程度以上の規模の農家が採用するのは難しいと思います。できれば、小農や農業経営退職者らが連携して、育種保存を頑張ってほしいところです。

筆者がお伝えしていきたいのは、種子の種類に関係なく、ミクロな風土つまり風㊌土を改善して、作物を作りやすくすることこそが、変化する地球環境に対応したモノづくりにおいて重要な視点だということです。

■マクロ風土とミクロ風土

巨視的に捉えた地域固有の気候や土壌、これらは一般的に言うところの風土であり、地域の性格を語るうえで重要なファクターです。前述のように、これをマクロ風土と呼ぶことにします。このマクロ風土の典型は、産地と呼ばれるゾーンで囲われたエリアだと思います。それは、火山灰が降り積もるエリアであったり、海から運ばれる海洋ミネラルを含むエリアだったり、高い山から吹き下ろす、おろしと呼ばれる北西の風が吹くエリアだったりします。

筆者の住む高知には、ナスや生姜、ニラの産地など、全国一と呼ばれる産地が多数あります。この産地を調べてみると、同質性の気候や土壌が広く分布しており、そのゾーンの中であれば、栽培指導書に則って栽培することで、等級の揃った高品質な野菜を生産できるのです。品質の統一が図りやすい、大量生産、大量輸送が可能になるというのは、生産体系を整えていくうえで、非常にプラスとなる要素だと思います。

これまで、このマクロ風土は農業協同組合が主導して、品種も統一し、主産地形成を進めるのに、非常に有効でした。おそらくこの流れは、今後も継続していくものと思われます。

一方、ミクロ風土の風㊌土は、同質性というよりは「異質性の集合体」と考えるべきです。異質性とは、「違い」や「複雑さ」や「数の多さ」といった、統一性のない要素の集まりだからです。それらが個々の農家の畑という空間の中に混在するのです。

この異質性は栽培を難しくさせ、また逆に予想しなかった不思議な結果を生み出したりするのです。不思議な結果というと抽象的でわかりにくいかもしれませんが、たとえばミカンの木には日射が必要だと言われますが、意外と半日陰にあるミカンのほうが、きれいな実をつけるのです。

果樹園の同質性を追求していれば、こうした偶然を発見することはないのですが、ミカン畑の周縁の林が巨大になり、ミカンの木に影を落とすようになって、気づいたりします。これがもし、同質性を得ようとムラのない状態にしていれば、周縁の林は切り払われてしまい、この偶然に出合うことはありません。

このように、マクロ風土は産地としての活用に非常に大きな意味を持っていますが、個々の農家の畑という単位になると少し意味合いが違ってきます。

別の言い方をすれば、マクロ風土としての考えは、農業協同組合や販売する側に立てば役に立ちますが、農家側にはさほど役に立たないかもしれません。

農家側にとって必要なのは、マクロ風土から得られた栽培指導書をもとに、ミクロ風土の風㊌土の観点を生かして「自分流」にアレンジすることだと思います。

なお本書では、この自分流にアレンジ・デザインされたミクロ風土を、「良好な農空間」と呼ぶことにします。

■風㊌土は、相互作用を利用

では、ミクロ風土の風㊌土は何を指しているのでしょうか。おそらく風《ふ》は空気、㊌《う》は水、土《ど》は土のことを指しているという答えが多いと思います。その通りですが、これらのどの性質のことを言っているのでしょうか。あるいはどの変化・状態なのか。

風、つまり空気には水蒸気が含まれますし、黄砂には微量ながら砂粒が含まれます。海風には、ヨウ素などのミネラルも含まれています。また、土には、水分もあるし、空気も含まれています。水においても同様です。水には空気が含まれ、さらに水田での灌漑水には上流の土のミネラルなども溶け込みます。これらはそれぞれが別のものであるという考え方ではなく、少しずつ分量が変わったものであるという考え方もできるのです。

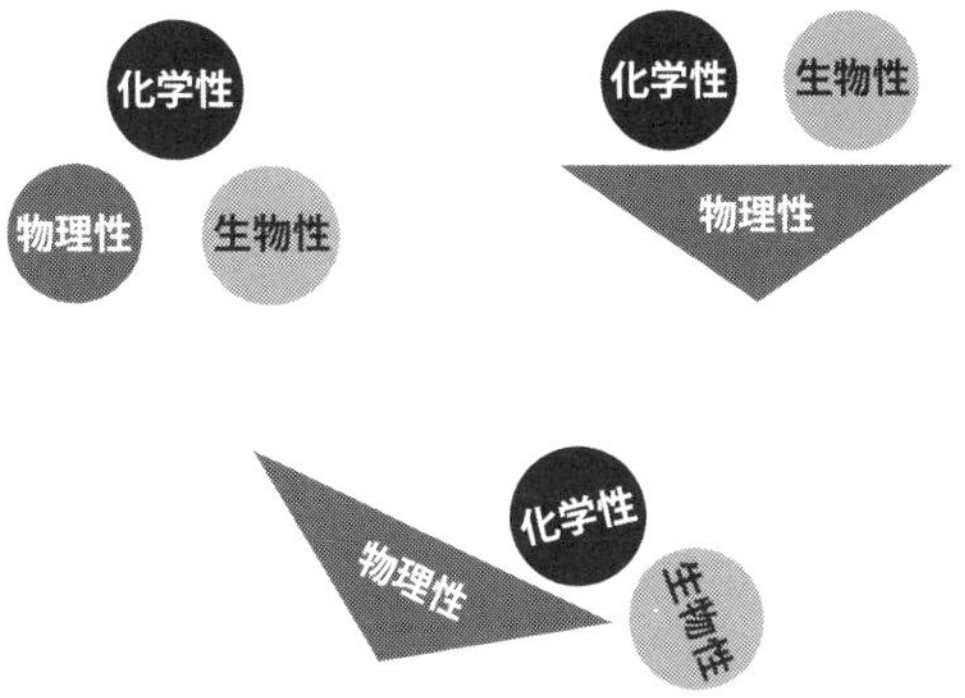

図５　物理性が悪くなると、生物性も化学性も悪くなります。
（『自然により近づく農空間づくり』より引用）

ただ、あまりこういう複雑な話をするとややこしくなるので、このように捉えてください。風、㊌、土それぞれは相互に作用し合うということです。それは光であったり、熱（温度）であったり、圧力であったり、重力であったり、風化であったり、みな物理的な作用なのです。

生物性や化学性ももちろん大切ですが、図５のように物理性が最も根底にあると考えています。物理性が傾けば、生物性も化学性も悪化するということを説明しています。

その物理性を、先ほどの光、熱、圧力、重力、風化などに当てはめて簡単に説明してみます。

光は、空気を温めますが、それよりも先に地面を温めます。地面にはいろいろな凹凸があり、素材もさまざまです。また光を受ける角度によっても温まり方が異なりますし、もし地面に水があれば、そこは鏡面になって、地面の方向から光がやってくることになります。作物の葉の裏面に光が当たるのです。

また、寒風は水分を多く含む作物の温度を下げます。さらに風圧で地表面に舞い落ちた落ち葉などを飛ばします。豪雨が降って地面に大粒の雨が叩きつけられると、地面の上の軽い土を叩き飛ばし、流水によって下流方向に運んでしまいます。

このように、自然界の要素はさまざまな物理的な相互作用によって影響し合っているのです。この物理的な干渉をうまく利用しなくてはなりません。重要なのは、その作用を利用して作りやすくしてやることだと考えます。

「環境変化に未対応のミクロ風土＝作りにくい環境」というのが、これまでの劣悪な農空間なのです。しかし、「良好な農空間＝作りやすい農空間」なのです。作りやすい→手間がかからない→栽培面積を増やしても大丈夫→儲かる農業なのです。

儲かる農業についての本がたくさん出版されていますが、実はこの「作りやすい農空間」という視点はいかなる本にも書かれていないのではないでしょうか。「作りやすい良好な農空間」こそが、現代の農業が目指さなければならないものなのです。

■風㊌土、それぞれについて

風・㊌・土それぞれについてはこのあと詳述しますが、まずはポイントを理解しておく必要があります。

まず風《ふ》は、地上、フロー（流れ）、光エネルギー、現在、変化、こうしたものの総称と言うべきものです。大気や空気、気体といった物質を指すよりは、位置や作用で語ったほうがいいかもしれません。なぜなら、土や水の中にも空気は存在するからです。ですから、空気としてしまえば、どの部分の空気を指すのかという話になりますので、そうではなく、もっと概念的なものだとご理解ください。

そして㊌《う》は、植物本体（構成するもの）、容器、ビークル（乗り物）、未来、可動です。風や土よりも、色や形として見えやすいものだと思います。㊌は水であるとすれば、水を九〇%含む植物本体はまさに、水そのものです。水が入る細胞という容器でもあるのです。これは物体としての㊌ですが、作用としては栄養素の運搬があり、水の分量の違い（過不足）によって植物体の状態が違って見えます。また、もっと簡単に言うと乾燥状態と湿潤状態とでは、土の色も全く違ってきます。このように、一番、見えやすいものだと思うのです。

次に、土《ど》は、地下、ストック（貯蔵）、バンク、歴史、不動、これらでおわかりいただけるでしょうか。蓄積されたものであり、たやすく交換やデトックスできるものではありません。

過去に投じてきた肥料が長期間にわたって影響を与え続けるので、次から次へと安易に投入すべきではないのです。それが、鉱物系の肥料であればなおさらです。いつまで経っても、それらを除去することはできなくなります。適量にとどめておくことが重要なのです。

ですからコントロールが一番難しいのは土で、次に風です。㊌が一番コントロールしやすいと考えます。植物の内外を、渋滞のない高速道路のように過不足なくスムーズに水が移動することで、作物は健康でいられるのです。

その「水をスムーズに動かす仕掛け」が、変化する風であり、不動の土であるのです。つまり、農空間を構成する風と土を正常に整えてやれば、㊌が非常にうまく機能してくれるのです。うまく機能すれば、㊌を土よりも多く含む植物本体（主体）が、元気に育ってくれるのです。

■風は土へ、風は㊌へ

眺めのいい美しい自然のことを風光明媚と言いますが、光の加減で、景色はずいぶんと違って見えるものです。

太陽が南中して空が群青色に染まる時間帯が美しい場合もあれば、夕焼けに映える自然が美しい場合もあります。

当たり前ですが、光は時間とともに変化します。ですが、光の強さは緯度で決定されることも忘れてはなりません。高緯度ほど、南中高度は低くなります。また、光の強さは雲の量で変化するとも言えます。光が弱いということは、光の束が少ないということなので、光量が小さくなります。光量が小さいと、気温が上がらず、当然ながら地温や水温も上がりません。

そうなると、一番影響を受けるのが、植物です。光量によって植物の成長が大きく違ってきます。逆に光量が増えると、水面や植物からの蒸散量が増えます。すると、上昇気流が発達し、雲が大量に発生します。台風ができるのも、こうした光量が影響しています。

光量が増えると、植物の成長は、急激に活発になります。熱帯雨林は、年間の光合成量は一㎡あたり三kgあるそうです。これは日本の温帯林の二倍だそうです。寒帯林だと、光合成量は温帯の数分の一です。光合成量は、すなわち植物の成長量です。高緯度ほど、植物バイオマスの増加量は小さく、低緯度つまり赤道に近いほど植物バイオマスの増加量は大きいのです。夏は活発に成長するのに、冬になると成長が止まってしまうという現象は、この光合成量と関係があります。

他にも、風・㊌・土の大きな違いは、夏至と冬至からのタイムラグです。空気と水、土では、比熱や熱の伝わり方が違います。空気や水には放射・対流・伝導のすべてがありますが、土には対流がありません。そのため、土では深部に向かって伝導していくしか熱は伝わりません。

その原理により、温まりやすいか、温まりにくいか。また冷めやすいか、あるいは冷めにくいかが異なります。

二十四節気の夏至は六月二二日頃です。その時点ではまだ気温は上がりきっていませんが、七月下旬の大暑になると、気温がかなり高くなります。しかし水温や地温は、まだ上がってきません。水温は八月、地温（深さ一m）は九月頃になりようやく一番高くなります。九月といえば、冬野菜の種蒔き時期です。そうした時期に、地温は最も高い温度を迎えるのです。

またこの逆になりますが、冬至は一二月二二日頃です。その時点では、気温は下がりきっていませんが、一月下旬の大寒になると、気温がかなり低くなります。しかし水温や地温は、まだ下がってきません。水温は二月、地温は三月頃にようやく一番低くなります。三月といえば、夏野菜の種蒔き時期です。そうした時期に、地温は最も低い温度を迎えるのです。

ですから、四季のある日本では、難しい時期を一年に二度迎えることになるのですが、それが種蒔きや定植の時期と重なっていることが多いので、栽培に大きな工夫が必要なのです。

風は、㊌や土に大きな影響を与えます。風は、㊌を動きやすくし、不動の土を少しずつ変化させます。ですから、農空間における風の設計は、㊌や土に配慮し、それらの課題を解決させる方向に向かわせることなのです。

■小学一年の朝顔栽培と素焼きの鉢

みなさん、小学一年生だった頃を覚えていますか。ほとんどの方が、夏休みに入る一学期の終業式に家に持ち帰ったものがあると思います。朝顔です。最近では、持ち帰りを行っていない学校が一般的だと思いますが、栽培に使う鉢はプラスチック製を用いることが多いようです。昔はプラスチックの鉢ではなく、すべて素焼きの鉢でした。その素焼きの鉢での栽培は、まさに風と㊌と土をうまく組み合わせた栽培だったと思います。

栽培は小学一年生でもできるような簡単なものです。一番下の穴を塞《ふさ》ぐように、割れた素焼きのかけらを敷きます。そして鉢の底に、腐葉土を敷き詰めます。なぜそんなことをするのか当時は何もわからず、言われるがままやりました。そしてその上に赤玉土を入れて、その赤玉土に種を蒔いたと思います。赤玉土に肥料が入っていたかは定かではありませんが、底に腐葉土を敷いたのは、しっかり覚えています。

そうすることで、底のほうの水はけをよくしていたのです。水はけがよいということは、酸素が十分にあり、根腐れしにくいということです。子どものすることですから、じょうろで水をたっぷり与えてしまいます。この程度にしておきましょうと言っても通用しません。また逆に遊びに夢中になって、朝顔の水やりをすっかり忘れてしまい、水を何日もやらないなんてことも考えられます。それなのに、どの子が栽培する朝顔もそれなりに花をつけます。失敗が少ない、つまり「作りやすい」ということで、いわゆる「良好な農空間」が作られていたということなのです。

素焼きの鉢は、水をやりすぎてしまった時にも、過湿になりにくくなっています。下に腐葉土が敷き詰められているということもありますが、素焼きが水を適度に調節してくれているのです。逆に、水を与えなくても素焼き自体が水を貯えていて、根が乾燥状態に陥るのを防ぐ役割を果たします。つまり、毛管水という、植物が吸うための水分を維持してくれているのです。

さらにこの水分によって、鉢本体の温度が上がりにくいのです。朝顔は夏の作物ですから、高温下での栽培になります。高温で鉢の中が暑くなれば、水分は蒸発しやすくなります。これを鉢の素焼きという素材が防いでくれているのです。

このように、素焼き鉢栽培は高温乾燥の夏の環境や、子どもの粗放なやり方にも耐えられるように工夫された栽培であったのです。

環境の悪化や人手不足などにより、農業生産において何が起きるか想像できない状況に陥る、つまり栽培が難しくなってしまうことが考えられます。これに対応できる栽培であるかどうか。脆弱な栽培ではなく、地球温暖化にも耐えられる栽培をしていくための答えは、本当に身近なところにあるのです。

その答えを、まだまだ筆者自身も探し続けています。ですが、この環境異変が当たり前になってきている現段階において、「良好な農空間」のアイデアを少しでも多くの方々から教わりたいし、お伝えしなければと常々思っています。

第2章　風《ふ》について

■水がこぼれる桶

ドイツのリービッヒという化学者をご存じでしょうか。植物の成長は、必要な物質のうち、与えられた量が最も少ないものによって決まると説いた人物です。これは、「リービッヒの最小律」と呼ばれます。そしてその考え方を、同じドイツのドベネックという人が、わかりやすく説明するために「ドベネックの桶」という図を考案しました。

桶の図では、植物に必要な物質の量が板で表されています。板で桶を作り、その桶に満たされている水の量が、成長する量だと考えます。ですから、水の量が多ければ、成長量が多いことになりますし、水の量が少なければ、成長量が少ないことになります。

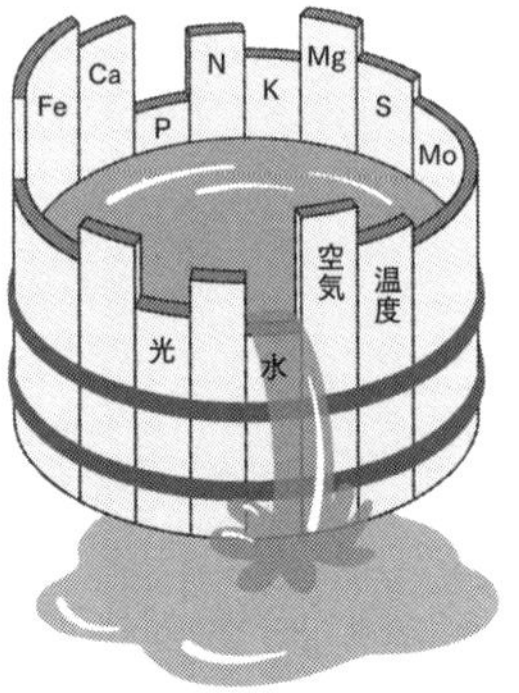

図6　ドベネックの桶

栽培者はみんな、作物には健全にたくさん成長してほしいと願っています。成長するためには、水をたくさん貯めることができるようにしなければなりません。しかし、板を張り合わせた桶ですから、桶の中の水は、板の一番短い部分から流れ出てしまいます。つまりそれ以上は水を貯めることはできません。作物の成長量は図6と同じように、一番少ない物質や環境要因の量で決まると考えています。

ですから、土にたくさん肥料を施しましょうということになるのですが、作物生産に関しては土の肥料養分だけが制限要因だというわけではありません。ミネラルの板だけを高くしても、ミネラル以外の要因となる板（図中の短い板）があれば、それらも高くしなければならないのです。

植物を構成する物質の割合を見ればわかります。一般的な植物の九〇％は水分です。残り一〇％が乾物です。さらに乾物の構成元素の割合を見てみると、炭素が四五％、酸素が四一％、水素が五％となっています。炭素、酸素、水素を合わせると、乾物の九〇％以上を占めます。

その割合を図にすると、図7のようになります。なお水は体積比（重量比では違ってきます）で、水素：酸素＝二：一に計算しました。よって、水素六〇・五、酸素三四・一、炭素四・五となり、合計九九・一％を占めます。残りの〇・九％が窒素、リン酸、カリなどです。驚かれたことと思います。野菜は窒素やリン酸などで作られていると思っていた方が多いと思いますが、それらは野菜の中にわずか〇・九％しか存在しないのです。

水、二酸化炭素以外の構成要素（つまりドベネックの桶に書かれている肥料養分）の割合は全体の〇・九％しかないということです。〇・九％しかないなら、肥料養分は大事な要素ではないのではないかと考えられてしまいそうですが、けっしてそうではありません。

ただ言えることは、〇・九％の養分よりも九九・一％を占める水素・酸素・炭素が重要だということです。大きい板が低くなれば、成長量が著しく低下します。もちろん、小さい板だから大丈夫というわけではありません。小さい板でも、低ければその高さが制限要因になってしまいます。ただし、水素・酸素・炭素の影響ほどではないということです。

では、板の高い桶をどのようにして作ればいいのでしょうか。

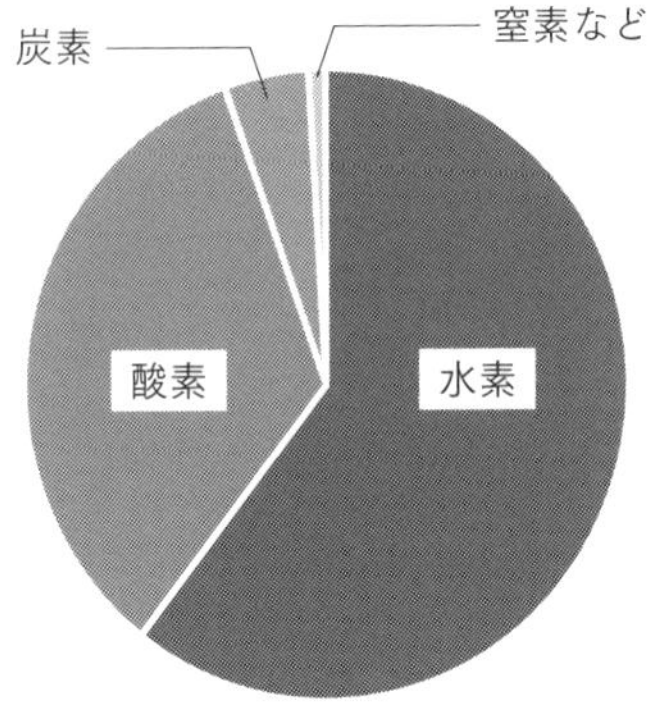

図７　植物の成分割合

すべての板ではなく、水素・酸素・炭素の吸収に効果をもたらす板を高くします。それは先ほどの「ドベネックの桶」の図の前側に書かれている光・水・空気・温度です。光の強さや量、水量、炭酸ガス濃度、気温、地温などが関係してきますが、光をしっかり受け止める大きな葉や十分な角度、さらにはそれらを吸えるような大量の健全な根や大きく開く気孔も必要なのです。

他にも、光の強さと正の相関関係がある温度ですが、気温や地温、さらには灌水の水温なども適度に調整されていることが必要です。このように植物本体の吸収能力以外は、生物性や化学性ではなく、物理性に依存しているところが大部分だということがわかるかと思います。

■光と生産効率

施設園芸の先進国オランダでは、光が一％増加すると収量が一％増収するという「光一％理論」があるそうです。高緯度に位置することから、南中高度が低く、地面の単位面積あたりの光の束が少ない国ならではの発想です。光が十分ある地域では、そういう発想にはいたらないものです。

そのオランダでは、光を増やすためにさまざまな方法を用います。

たとえば、鋼材の量を減らしてハウスの採光性を高めたり、透過性の高いフィルムを張ったり、白色防草シートで光を反射させるなどの方法です。影をなくしたり、資材による光の吸収をなくしたり、素通りした光をもう一度反射させて反対側から当てたりすることで、光が作物の葉に余すところなく届くように工夫するのです。自然界では光が葉に当たらずに地面に届いてしまうので、光を失ってしまい、生産効率が悪いのです。

生産効率の悪さは、太陽光が十分ある夏には問題になりませんが、緯度の高い地域や雲が発生しやすい標高の高い地域、太陽光が不足する冬、さらには曇雨天が続く時期、もっと言えば巨大な火山活動で噴煙が噴き上げられ太陽光が弱くなったりした時には、問題になります。また地形的にも、山の谷間にある畑や、建物の陰になってしまう畑など、一日を通して十分な太陽光を得られない場所は数限りなくあります。

太陽光が不足している時というのは、当然、品質や収量が低下してきます。そしてそれが広いエリアで同時に起きると、市場価格が高騰してきます。つまり高値販売されるようになるのですが、農家はそういう時にこそ儲けようと躍起になります。しかしいくら必死にあがいても、品質が悪く、量も少ないという事実は変わりません。

では、どのようにすれば、太陽光の少ない時期に高品質のものをたくさん出荷できるようになるのでしょうか。

その答えは、アミノ酸を含む有機資材や堆肥など、いわゆる光合成産物である糖を含んでいる資材を土壌にしっかりと投入することです。日照不足による作柄《さくがら》（育ち具合や収量）低下が発生してからでは遅いので、先行的に設計施用する必要があります（速効性の資材なら効果はありますが）。

投入による問題解決は、土の章で詳述します。この章では、風という視点から、なにかよい方法がないかを探ります。

光合成において重要なのは、日の出直後の光をいかに早く受けることができるかです。太陽がある東側に障害物が位置していないか。また南北方向に立てられた畝の方向のため、東側にある作物の陰になっていないか。さらに、畝の面が日射を受けられるようにしてあるか。畝の上面に傾きが生じていないか。

光が少しでも早く届き、なおかつ直角に当たるようになると、葉の温度や地面の温度の立ち上がりが早く、適温まですばやく上昇します。温度が適温にならないと光合成は活発化しません。温室であれば、早朝に加温機を稼働させて、適温にまで高めて光合成の準備をしておきます。このように、日の出直後の光の取り込みがうまくできるように空間を整えることです。

また別の方法として、細霧装置を用いて霧のような状況を作り出すことです。大量の霧を発生させると、霧によって光が吸収されてしまいますが、気孔が全開に開き続けるので、光合成を最大限に高めることができます。

ケイ酸などの資材を葉面に付着させるのも効果的です。ケイ酸はガラスの原料です。ガラスが表面にあることで、光の取り込みが促進されます。稲のようなケイ酸植物（ケイ素とカルシウムの比率が一・一：一を超えた植物）の場合、表面のクチクラ層の下にケイ化細胞があり、光の取り込みができるような仕組みになっています。

そして最後に一番大事なのは、葉の大きさや栽植密度です。葉が小さいと、それだけ素通りさせてしまう（失う）光が増えるということになります。

土壌が貧栄養下にある自然栽培の作物の葉は、小ぶりなことが多いです。そういう葉では、自ら産出する光合成量が少ないため、味は思ったほど甘くなりません。また栽植密度が小さいと、それだけ地面がむきだしになっているということで、これも光を失っているということになります。雑草対策の点からも、土壌表面に日射が当たれば、それだけ雑草の生育がよくなってしまいます。

果樹における剪定技術は、まさにその点を最重要視しており、新しい枝が絶対に上に位置する枝の下に出ないようにします。

■光エネルギーのバトン

先ほど光を失うと言いましたが、光は常に注がれる無尽蔵のエネルギー源です。失っても次から次へと降り注いできますので、通常、損した気分にはならないでしょう。

しかし、果樹以外の作物の寿命は一年以内です。さらに人の都合で言うなら、経営も一年間で決算がなされます。その一年の間に、たくさんの葉や実をつけることを栽培者から要求されています。この要求に応えるため、植物はエネルギーを備蓄しなければなりません。つまり光というエネルギーを別の何かに置き換えなければならないのです。それが、ATP（アデノシン三リン酸）というものです。

地球上の生物はすべて、このATPをエネルギー源にして生きています。植物や藻類《そうるい》は唯一、そのATPを光から作れる生き物なのです。植物が作り出したATPは次のように、人間へバトンパスされていきます。

光エネルギー→植物が有機物を合成→草食動物（魚類を含む）が呼吸でエネルギーを取り出して生命を維持→肉食動物（魚類を含む）が呼吸でエネルギーを取り出して生命を維持→人間が呼吸でエネルギーを取り出して生命を維持

筆者がよく「私たちは野菜という容器に入った太陽エネルギーを食べている」と言っているのは、そういうことです。

では具体的な例です。曇雨天が続き生産効率が低下する時、作物の中ではどのようなことが起きているのでしょうか。光が不十分だとクロロフィル（葉緑素）が活性化しないため、ATPの生成量が減ります。これは水が不足している場合も同様です。

つまり、工場を稼働するのに必要な電力（適当な強さの光）と工場に運び込まれる原料（適当な量の水）、そしてATPという製品を作る工場（葉緑素）の数。この三者が揃っていることが、ATPを作るための必須条件です。

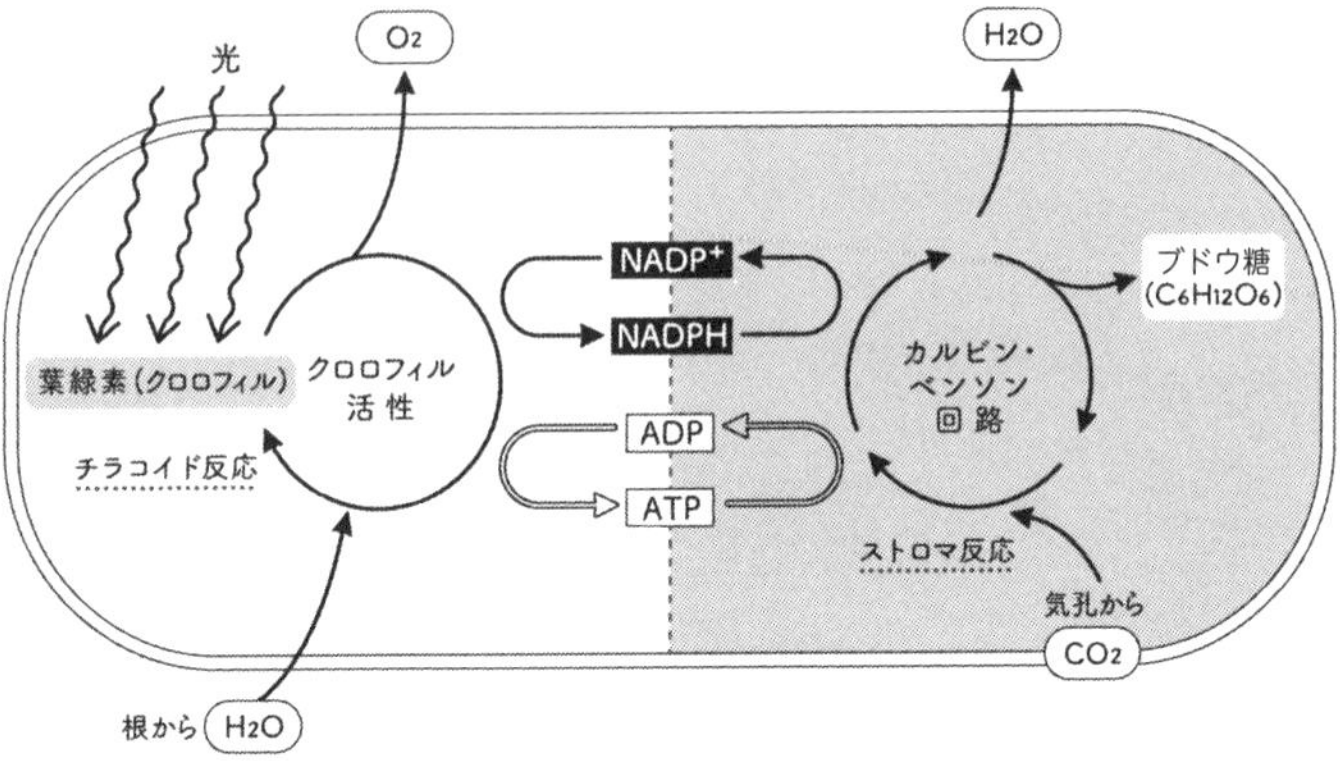

図８　葉緑体の仕組み

電力不足に陥れば工場は動きませんし、原料不足では当然、作れる製品数が限られます。さらに、たくさんの原料と供給される電力があっても、肝心の工場の数が少なければ、大量の製品は作れません。工業（工場での製品づくり）と、農業（光合成工場でのＡＴＰづくり）は、この仕組みが一致しています。

先述のオランダの施設園芸では、光合成を高めるということでしたが、作物の側に立てば、一本のトマトの樹からＡＴＰを大量に生成するのに必要な工場と原料、電力を栽培者がきちんと揃えられるかどうかということになります。

葉緑体の中をもっとよく見ていくと、図８の右半分には、二酸化炭素を原料にしているストロマという場所での有機物（$C_6H_{12}O_6$＝ブドウ糖）の生成があります。しかし、これらは左側のチラコイドで作られたＡＴＰ（エネルギー通貨）とＮＡＤＰＨ（電子通貨）が原料となっています。つまり葉緑体の工場には、第一工場（チラコイド）と第二工場（ストロマ）が併設してあるのです。

第一工場でＡＴＰなどの製品を作ることができなければ、第二工場は全く稼働できないのです。むしろ二酸化炭素という材料が山積みになって、使われないまま残ります。

光、水、二酸化炭素。これらが九九％を占める植物で必要なものの順に並べなさいと言われたら、第一位が光と水、第三位が二酸化炭素ということになります。つまり、第一工場で大量のＡＴＰ製品を作ることができれば、第二工場でもそれに見合うだけの二酸化炭素という材料を仕入れ、すべて使い切ることができるのです。

筆者が以前ある研究機関を訪問した時、ナスに炭酸ガス施用すれば効果があると力説する研究員がいました。その時、筆者はその話を受け入れがたく思いました。なぜなら、ハウス温室の天頂フィルムは何年も洗ったことがないような感じで煤けて太陽光が弱く、さらにマルチをめくってみると畝の中はカラカラに乾いていたからです。これでは、できるはずがないと思いました。案の定、葉はだらりと垂れ下がり、光合成をしているように見えませんでした。

■光が一番大事？　光はそれほどいらない？

風《ふ》（地上）において、光がもたらす恩恵は計り知れません。平年比の日照の多寡によって、光が必要、不要と判断されますが、日照りに不作なしという過去の農家の言葉の通り、栽培者は日照りについては大目に見ているようです。

逆に曇雨天が数日続くと、葉緑体に届く電力が減って停電状態となり、光合成工場が稼働しなくなります。すると、葉の色がみるみる薄くなってきます。そして花が受粉しなくなり、着果数が減り、さらにカビが広がり始め、実は水っぽくなり、腐りが早まります。出荷時は大丈夫そうに見えても、消費者に届く頃に傷みが出たりするのです。こういう悪条件が続くと、地域全体の野菜の生産量が低下して、野菜の値段がはね上がります。日照りの時には、野菜の値段の上昇はあまり起きません。むしろ野菜があふれ、安値が続く状況です。

野菜の価格からも判断できるように、光量が減ると生産効率が落ちてしまうのです。このことから、先述の一位は光と水でしたが、どうしても順位をつけろと言われるならば、日照りで水が少なくなっても光があればよいということから、光を一位にします。言い換えれば、工場を稼働させる電力があればなんとかなるということなのです。ただし、きわめて僅差です。水を切った栽培で、葉が垂れ下がるようだと、全く意味がありません。

では、光は強ければ強いほどいいのでしょうか。光の強度が上がると光合成速度が速くなりますが、ある強度以上になると飽和状態に達し、それ以上速くはなりません。その時点の光合成速度のことを飽和光合成速度と言います。また、この時の光の強度を光飽和点と言います。サトウキビやトウモロコシには、光飽和点がありません。ですから、光が強ければ強いほど成長します。しかしほとんどの作物には、光飽和点があります。

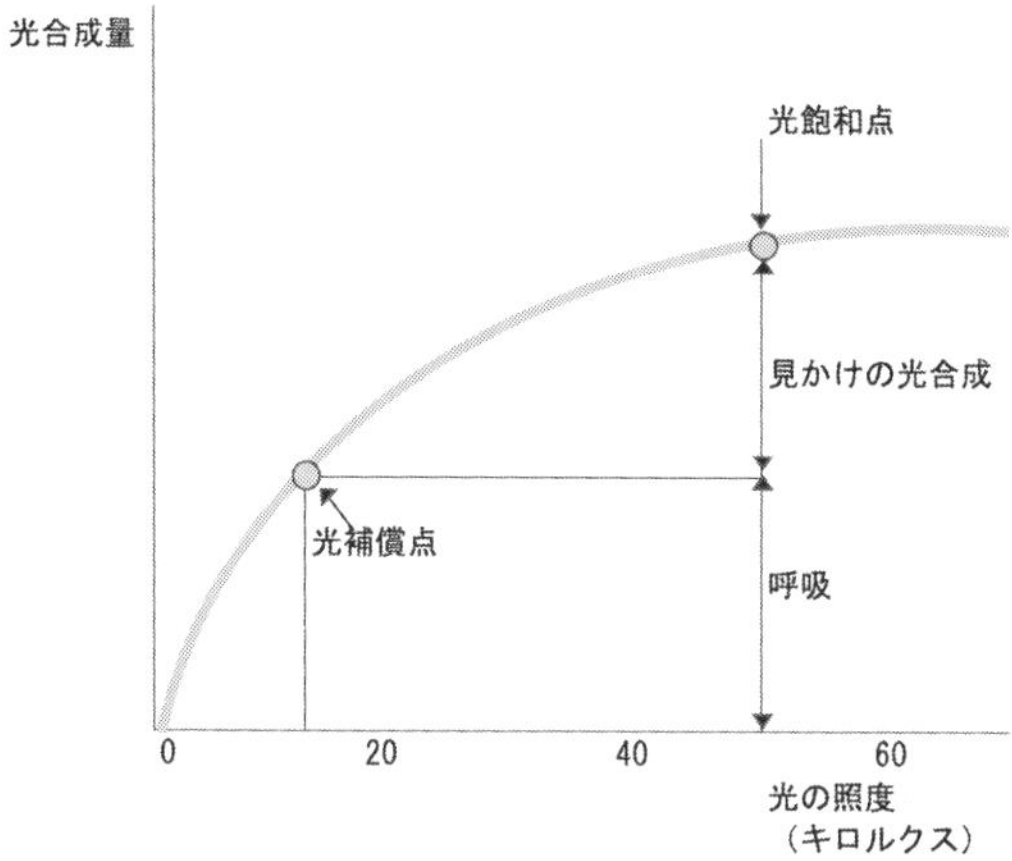

図９　光飽和点と光補償点

　光飽和点は植物によってさまざまで、それぞれの植物の光飽和点以上の強さの光が当たると、成長どころか葉がやけてしまい、逆効果になる場合もあるのです。

　また、光飽和点と似た言葉に光補償点というものがあります。光補償点とは、植物が光合成をする時に排出・吸収する酸素と炭素の出入りが完全に釣り合う時の光の強さのことです。この光補償点以下の光の強さでは植物は成長することができません。

　トマトやメロンでは光飽和点や光補償点が高く、

逆にレタスでは低いです。室内の野菜工場内の弱い電照で栽培が可能なのがトマトではなくレタスであるのは、このためです。また、マルチの下でも雑草が生育するのを見たことがあるかと思います。カタバミなどがその例です。光補償点がとても低いために、わずかな光でも成長することができるのです。

それならば、どうすればいいかおわかりいただけますよね。光の強さが適切になるように、光の強度を考慮した作型を実践していけば、うまく作れるようになります。

■光と温度のタイムラグを縮める

光が強まると、一ヶ月ほどして気温が上がり、二ヶ月ほどで水温、地温（地表面）、さらに三ヶ月近く経てば地温（深さ一m）が上がります。このように、比熱の違いによってタイムラグが生じるのです。

ただ、それは半年も違うというわけではないので、日射が強くなったのに真冬の地温のままということではなく、また日射が弱くなったのに夏の地温のままということでもありません。

ただ、この緩やかな温度の追随が、栽培者を悩ませるのです。

これらが一致していれば、それだけ早い立ち上がりが起きることになります。簡単に言えば、春の播種《はしゅ》や定植を行っても、地温が二、三ヶ月も遅れていては、作物が活躍できる適温になっていません。待っていれば、他の栽培者も次から次へと播種、定植をし始め、最終的に収穫時にあまり差が出ていないということになってしまうのです。せっかく早く蒔いたのに、出す時期が同じになったよと、ぼやきたくなります。

これは、まさに温度が緩やかに追随しているからなのです。逆に、秋冬野菜にしてもそうです。早い時期に播種、定植したのち、高温を防ぐのに多灌水になって、生育が徒長してしまって、しっかりとした姿にならず、結果的に虫にやられるということがしばしばです。ですから、一般的にはある程度の気温に下がるまで待ってから、取りかかるのです。

ですが、旬に野菜を作るというのは、野菜栽培に長年取り組んでこられた方にとっては、あまり魅力のない取り組みです。やはり誰もが難しいという試みをしてみようというのが、栽培者の本能ではないでしょうか。それには何をすればよいか。

風の視点からは、このタイムラグを縮めるのです。プロの農家はこのタイムラグの縮小化を必ず行っています。たとえば「春の地温アップ技術」と呼ばれるものです。

高知は生姜の大産地ですが、生姜栽培の場合、土壌消毒の準備を早い人で一月から開始します。まだ誰も春の準備をしない時期からです。太陽光が冬至を過ぎて、強まろうとする気配を感じ取って、薬剤処理用の農ポリフィルムを畝上に張るのです。フィルムはガス化した薬剤が飛散しないようにという意図がありますが、実はもっと重要なことを意味しています。

　フィルムを張ることで、地温が上がり始めるのです。日射を受けて地面の温度が上がり始めても、すぐに冬の冷たい大気に冷却されてしまいます。これをフィルムで遮断することで、熱がフィルム内にこもるのです。こもった熱は、土を徐々に地下へと温めていきます。通常なら地表面の温まりと同時に気温が温まり、地面に熱伝導していくのですが、一月は気温が一年で一番下がっていますから、地面に与えることはできません。逆に地面から奪ってしまいます。フィルムを張っておけば、一月から地面を温めることができるわけです。

　これで二、三ヶ月放置しておくと、地温自体が上昇します。一度上昇した地温はすぐには冷めません。四月上旬、まだ地温が上がっていないはずの時期に、すでに初夏の地温にまで上がった圃場に種生姜を定植します。生姜は夏の作物です。夏の温度と湿潤が大好きです。定植された種生姜の周りの土は、すでに生姜の活動温度になっているのです。

　生姜はすぐに活動を開始します。フィルムを用いない圃場と用いた圃場（他とします）では、明らかに最初の芽が地面を割って出現する時期が異なります。このように早い出現は、他に追いつかれることはありません。むしろどんどん地温が上昇していくにつれて、活発に生育していきます。そして、梅雨が明ける頃には、地上部が繁茂し、株元の地面に光が差し込まないくらいになっているのです。梅雨明け後の日射は、生姜に大敵です。なぜなら、湿潤が好きな作物ですから、土がどんどん乾いていくと困るのです。地上部の生い茂った葉が影を作ってくれれば、土は乾きません。そのため、過乾燥による根傷みなどが生じにくくなるのです。

これがフィルムを用いていない圃場だと、葉と葉が重なるほど成長していないので、隙間があり、地面が真夏の日射にやかれるのです。地温はどんどん上昇し、生姜の適温を超えます。また地面は高温になるとみるみる乾燥し、生育が悪化していきます。生姜づくりのポイントは、肥料よりも何よりも、「地温を早く上げ、かつ、乾燥させない」ことです。

逆に、冬野菜の夏の播種を成功させるには、これと逆に播種前から作土に灌水をし続けることです。灌水によって、地面は気化熱を土から奪います。乾燥すると元の高い地温に戻ってしまうので、何度も繰り返し水をかけ続けます。そうすることで、地温を適温になるまで下げることができます。

■植物も運動不足?

人間と植物の違いは、いくらでも挙げられますが、では共通点はと言われると、言葉に詰まってしまうのではないでしょうか。

まさにその通りなのですが、筆者的には共通点が見つかれば、作物を擬人化しやすく、なんとなく自分に置き換えて考えられるようになるのではないかと考えます。しょせん植物なんてと思わずに、同じ生き物ですから、もっとイメージを膨らませて、植物側に自分を寄せてみましょう。

たとえば、人間は汗をかかないと新陳代謝が向上しません。汗をかくには、運動をしましょうということになります。ここでも先述のＡＴＰが使われます。ＡＴＰは、筋肉を動かす物質なのです。

ＮＨＫ「高校講座」の「生物基礎」という教育番組を見たことがあります。そこでＡＴＰを説明するのに、ウサギの筋肉の一片をクリップで挟んで、糸で吊るします。そしてその筋肉の下に一ｇの重りをぶら下げます。準備は完了です。実験では、その吊り下げた筋肉に、スポイトに入ったＡＴＰを一滴だけ垂らすのです。そこで何が起こるのかを観察します。一瞬のことなので、スロー映像で繰り返すのですが、垂らした瞬間に筋肉は収縮して、ぶら下げた重りを持ち上げます。この瞬間にＡＴＰ（リン酸三個）のリン酸一個がはずれてＡＤＰ（リン酸二個）になるのです。

余談になりましたが、このように動物も人間もＡＴＰを使って筋肉を動かしているのです。心臓の鼓動や瞬き、そしてランニングもそうです。これは植物も同じです。植物もＡＴＰを用いて運動をします。運動といってもほとんど静止しているようなものですが、成長という運動をしますし、呼吸もします。

そして、人間がのどの渇きを覚えるのと同じように、植物も渇きを感じます。水が欲しいと思うのです。人間の場合、体液が薄くなるから、水だけ飲んではいけません。同時にミネラルも補給しましょうと言われます。

これは植物も同じです。水だけでは体液が薄くなるのです。水の中にカルシウムなどを混ぜてほしいと願うのです。トマトの場合、水の中にカルシウムが溶け込んでいないと、その水が辿り着いた実の先でカルシウムが不足した細胞が出来てしまいます。トマトの尻腐れ病です。カルシウムは、マグネシウムと違って辿り着いた場所から他に移動できません。

カルシウム＝石灰＝コンクリートと同類なので、置き換えるとわかりやすいですが、土木現場でコンクリートが施工されると、よそへ移動できないのと同じことです。他にも結球類（キャベツ・白菜・レタスなど）の芯腐れも同じカルシウム欠乏症です。結球類の場合、芯の部分が、根っこから一番遠いところになります。そこにカルシウムが溶け込んでいない水がいくと起きる症状です。水が不足しても同様のことが起きます。

これを防ぐには、水を不足させないこと、カルシウムを補うこと、そしてそれ以上にもっと大事なことがあります。それは、蒸散させることです。葉の蒸散スピードを高めてやることなのです。

蒸散は気孔が大きく開く必要があります。気孔を開くことは、人間にとっての運動と同じです。それが運動、吸水を同時に行わせます。気孔が開かないと当然蒸散しないし、吸水もしなくなるのです。

人間で言うところの運動不足。運動しないから、水もいらないしお腹も空かないという「ぐうたら人間」と同じく悪循環に陥るのです。

■夜眠れないと、疲れがとれない

呼吸は、渡されたエネルギーバトンからエネルギーを取り出すのに、必要な働きです。呼吸というとつい魚のエラ呼吸や人間の肺呼吸を思い浮かべますが、ここでは細胞レベルの呼吸を指します。細胞も同じように酸素を使います。酸素を使って摂取した有機物を分解し、エネルギーを取り出します。

呼吸が荒くなるとしんどくなるのは、植物も同じです。呼吸はエネルギーを取り出すために大切ですが、エネルギーの消耗でもあります。

夏の夜にエアコンを入れずに眠ると、寝苦しい思いをするかと思います。知らず知らずのうちに呼吸量が増えているのだと思います。そうすると翌朝、よく眠れなかった、疲れがとれていないということになります。

　植物にとっても、ぐっすり眠って、呼吸量を適度に抑えることは大事なことのようです。植物は呼吸すると、自らが日中に作った有機物を使って、エネルギーを取り出します。日中に一生懸命作ったものを、実や芋などに貯蔵することもできずに、自らの呼吸のためだけに使うことになります。

　稲の乳白米をご存じでしょうか。乳白米は、高温障害の一つです。登熟《とうじゅく》期に最低気温二六℃以上の熱帯夜が続くと発生します。本来はお米の粒の中にデンプンが入るところ、デンプンが夜間の活発な呼吸で使われてしまうため、空気が入ってしまいます。そのため、デンプンなら透明になるところが、空気の入ったところが空隙となって白く見えてしまうのです。

　収穫後の野菜も同じです。収穫された後の野菜は、酸素を吸って二酸化炭素を吐き出します。その際に自らの糖（甘味）を消費するのです。時間が経てば経つほど味が劣化する野菜の一つとして、トウモロコシがあります。トウモロコシは二四時間で味が半減すると言います。トウモロコシの呼吸量は、他の野菜と比較にならないくらい多く、実の中に蓄えた糖（甘味）をたくさん消費してしまうのです。

　植物は生態系における生産者だと言われますが、植物も消費者である動物と同じように、呼吸してブドウ糖というエネルギーを消費し、二酸化炭素を吐き出しているのです。

栽培者である人間の務めは、この呼吸量を減らしてやることです。先述した夜霧のように、夕方に葉面散水して葉の温度を下げてやることが大切になります。呼吸量を抑えることで、作物は貯える能力を最大限に発揮し、実や葉、芋など可食部にたくさんの甘味を残すことができるのです。さらにつけ加えるなら、余った糖（甘味）で自らの防御機能を強化することだってできるのです。

防御すべきは、自らのエネルギーを生み出す工場が密集している地帯、つまり葉ということになります。葉は害虫から最も攻撃されやすい部位です。その葉を強化できます。虫や病気から守ることができるように、葉の厚みや大きさ、光沢などが、目に見えて元気になるのです。栽培者は作物の花や実に注目しがちですが、じっくり見ていただきたいのは、何よりもこの葉っぱなのです。

■植物本体の葉の色を見る

農地生態系の中心核にある作物圏が大切だと先述しました。しかし、作物圏を具体的に捉えることは非常に難しいです。

ですから、作物本体が良好な農空間に存在しているかどうかを、しっかり見つめなければなりません。そこにある何を見るかといえば、葉です。

葉に害虫や害虫の天敵がいるかどうかということも当然大事な観察になります。しかし、そういう観察ではなく、葉本体を見ます。葉はＶ字がいいとか、大きいほうがいいとかという話はしましたが、今回は色について話します。

オランダの技術で、白色防草シートで光を反射させると言いました。

ではなぜ白色なのでしょうか。それは、白色は、すべての光を反射させているから、光のスペクトルをいずれも欠かすことなくすべて逆方向から戻すということです。では黒色はどうでしょうか。反射と逆のことが起きています。つまり光の吸収です。黒色はすべてのスペクトルを吸収しているのです。

葉の立場になって考えてみます。白っぽい葉と黒っぽい葉があるとします。では、どちらが太陽光を余すことなく吸収しているでしょうか。もちろん、黒っぽい葉のほうということになります。

つまり白っぽく見えるようになると、せっかく届いた光（電力）をはね返してしまい、葉の光合成能力が低下しているということになります。逆に黒っぽくなると、光合成を最大限に高めているということです。

これは、光というエネルギーを糖に変換する工場が、葉の中にあるかないかを意味します。

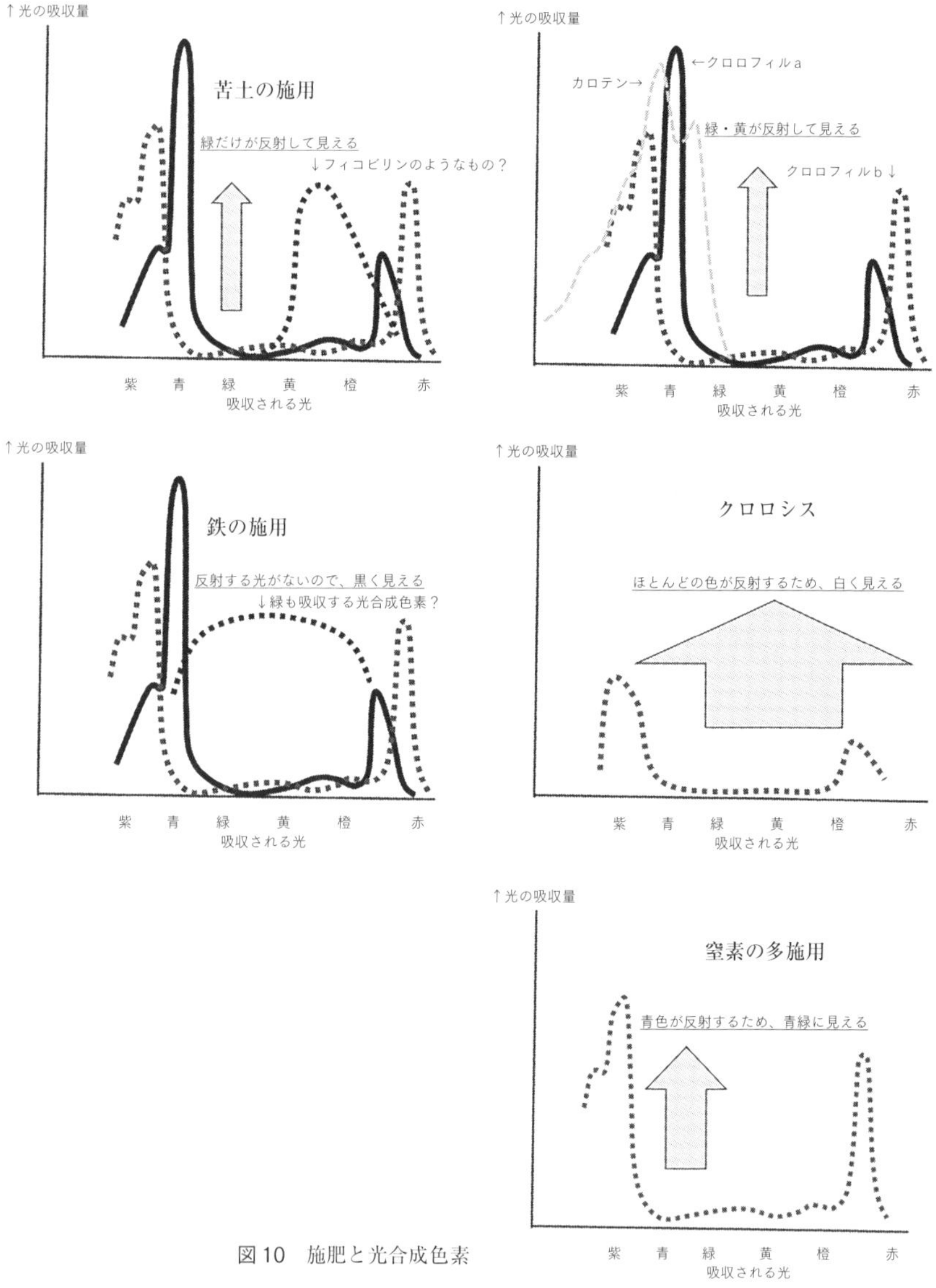

図10　施肥と光合成色素

つまり、水分不足やガス害、さらにはミネラル不足で、工場がうまく作られていないのです。そうしたところに光が当たっても、工場がないので光は素通りし、葉の裏面にある海綿状組織で乱反射して、光は戻ってきます。そうしてすべてのスペクトルが反射されると、白色防草シートのようになりますから、白く見えるのです。このように葉が白化した状態を、クロロシスと言います。クロロフィル（葉緑素）がない状態のことを指します。作物の葉が白っぽくなってきた時は、風・㊌・土の結びつきに問題が起きているということになります。

では、植物の葉はなぜ緑色をしているのでしょうか。それは図10を見ていただければわかります。クロロフィルは紫や青色、そして橙から赤色にかけて吸収することがわかります。

それでは、吸収される肥料養分との関係を考えてみます。私見もありますが、窒素が多いと葉が青く見えます。また、苦土（マグネシウム）を入れると葉の緑色が強まります。さらに鉄を入れると葉が黒くなります。それぞれについて考えてみます。

まず窒素が多くなると、主色素のクロロフィルaが減少するのではないかと思われます。しかし補助色素のクロロフィルbはそのままなので、青色が吸収されずに出てくるのはないでしょうか。なお、植物では一般的にクロロフィルaはクロロフィルbの三倍多く含まれています。

話は変わりますが、筆者の有機農業の師である島岡幹夫氏の著書『生きる』にも、窒素が与える影響について、妻和子さんの言葉で以下のように登場します。

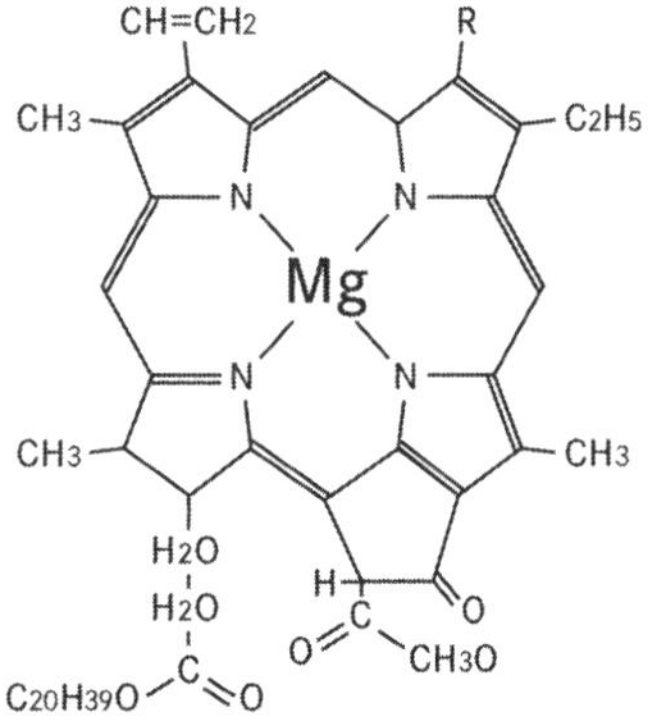

図11　葉緑素の構成

「和子は即座に答えた。
『甘いまろやかな味のホウレン草を食べてみてください。化学肥料を与えて窒素が多くなると苦くなるが青々とはなる。黄色い方が甘みがある。トマトでも味はキュウリと同じものも。そんなトマトがおいしいでしょうか』とも話す。」（傍点は筆者による）

窒素を多く与える（化学肥料のような濃度の高い肥料を与える）と青くなるというのは、農家の誰もが体験的に知り得ていることです。「青いということ＝緑が濃くなること」のように高知では使われますが、実際には「緑が青っぽく見えること」だと思います。青緑というのが正解だと思います。ただ、緑黄色野菜という言葉はあっても、青緑色野菜という言葉はありません。

話を元に戻します。分子から考えてみると、クロロフィルが減少あるいは機能不全に陥るのは、葉緑素を構成する物質のバランスが窒素だけに偏り、クロロフィルが完全体で構成されていないことが原因です。

なおさらに余談ですが、苦土を増やすのに用いる硫酸マグネシウムは肥料の中でも最も浸透圧が低く、濃度の濃い溶液（極端な実験で試した結果、一：一の希釈倍率でも大丈夫だった）を葉にかけても、葉が縮れることはありません。対極にあるのが尿素（最も一般的な窒素肥料）ですが、尿素は葉に少しでもかかると葉が萎れてしまいます。

次に苦土を入れた場合を考えてみます。以下エビデンスは全くありません。あくまで個人的な想像ですが、クロロフィルａとｂの両方の色素が維持されたまま、フィコシアニン〔青〕のような紅藻類が持つ光合成色素が発現してきているのではないかと思われます。その結果、緑以外の色素が吸収され、つまり緑色以外の雑味が消され、緑色が際立った色に見えるのではないかと思います。これは葉による光エネルギーの吸収が高まるということです。さらに鉄については、フィコシアニン〔青〕に加えフィコエリトリン〔赤〕のような紅藻類が持つ光合成色素が発現し緑も含む波長すべての吸収が高まっているのではないかと考えます。

ついでに葉の色の移り変わりについても話しておきます。秋深くなると紅葉を迎えます。これは木の周辺の気温が下がってくると、窒素が少なくなりクロロフィルの葉緑素が衰え、カロテンのような赤、橙色の色素が残るので、黄色になってくるのです。なお紅葉で真っ赤に色づくのは、秋の光が強まって気温が下がり、アントシアニン（赤色の色素）が作られるからです。

■風《ふ》の設計

それではいよいよ、風の設計について話をしていきたいと思います。農業は、建築や土木における設計図が存在しません。ですが、それはなぜなのでしょうか。個々の栽培者が脳裏に描いているからだと思います。栽培者は、たわわに実った畑の姿を想像し、畝立てをして播種し、仕立てていくのです。

となると、畑における日射は？　風向きは？　畑が位置する地形や傾きは？　こうしたことがあらかじめ栽培者の脳内にインプットされている必要があります。単に畝の幅や高さ、株間や条間、何粒播種するか、こうした情報ではなく、前提条件と抱える問題点をいかに克服できるかです。それが設計になります。

まず日射については、現在ではなく栽培期間を通じて、何時から何時まで日が差し込むのか。それに合わせて地温はどのくらいになるのか。地温を上げなければならない作物なのか、あるいは下げなければならないのか。それに合わせて、畝の向きをどうするか。地面は乾燥させるべきか、あるいは湿潤に保つべきか。

風は、畑の気温を下げてしまわないか。むしろ気温を和らげる風が入ってくるか。それはどの方向からか。また、風はどこを吹き抜けてきているか。風の温度は、どこを吹き抜けてきたか。さらに風の強さはどうか。風が吹くのは何時頃か。風に不要な化学物質が混ざっていない

図12　南国高知なのに、2022年12月に線状降雪帯が発生し、60cmを超える積雪がありました。経験のない出来事で、壊滅的な被害が生じ、筆者のハウスも幾棟も倒壊しました。

か。埃や煙などはどうか。逆に有用な海洋ミネラルなどが溶け込んでいないか。

地形は、日射を受ける方角にあるか。畑の傾斜は、日射とどういう関係にあるか。地形的に雨や雪が降りやすい線状降水帯、降雪帯が発生しやすくないか。火山灰が降ることがあるかどうか……などなど、こうしたパターン情報を正確に区分していくには、後述のエコトープ区分図が非常に有効です。このエコトープ区分図を用いて農業の設計を行うことは、これから地球環境への馴化が求められる農業において、必要不可欠になるはずです。

念押しになりますが、種子の決定

（何を作るか）は何が売れるのかという情報を得る→種子を決定→畑を作るという流れが一般的です。けっして、これを否定しようというのではありません。作っても消費されなければ食品ロスになりますし、何より栽培者の次作への意欲が損なわれてしまいます。

ですが、これからの農業では、思考プロセスを変えてみてはどうでしょうか。

畑の情報→畑を設計→種子を決定という手順です。おそらく、売れるものがたくさん作れたという喜び以上に、栽培期間中も刺激を感じられるし、純粋に農業を面白い、楽しいと感じられるはずです。

■空気の淀み、流れをどこにつくる

コントロールできないものは受け入れるしかありませんが、設計上、栽培角度や方向を変えることは可能です。もしそれで栽培をよくすることができるのなら、どのような肥料を使うべきかという施肥の判断よりもずっと即時的で有効であるはずです。具体的には、日射をどのように受けるか、風をどのように利用するか、そして水をどちらに流すかということになります。

冬は北西の風が強いので、短稈《たんかん》ソルゴーを密に栽植して風を防ぎ、夏は、高さが三m以上の長稈ソルゴーを通路に栽植して強い日射を避けます。また、畝の向きを九〇度変えれば、夏は地温が高温になりにくく、冬は地面が温まります。

筆者は、土木用語のFIXPOINT（固定点）にヒントを得ていますが、冬の日射の取り込みと、夏の日射の遮りを実現するための農空間を、「陽だまり」と「木陰」と呼ぶことにします。陽だまりや木陰は、森や公園の中の空間を指すことが多いかと思いますが、農業における農空間にも適用できます。

陽だまりを作るには風の淀みが必要ですし、木陰には風の流れが必要です。陽だまりで風が抜けてしまうとせっかく温まった空気が逃げてしまいますし、逆に木陰で空気が淀むと暑熱がこもります。そのような事態は避けなければなりませんが、だからと言って、こうした農空間を作り出すために巨大な樹木を植えるのは無謀です。栽培者が一生を終える頃にその農空間が仕上がっても意味がないのです。

ですから、毎年作り、そしてそれらが朽ちて分解し、土に還せる植物素材のものであることが理想なのです。たとえば、ソルゴー、ギニアグラス、ライ麦、クロタラリアなどの緑肥作物がそうです。これらで高さに変化をつけるのです。変化のない平らな農空間が一般的ですが、高さに変化をつけることで風の淀みや流れが生じます。冬にはこの緑肥作物のほとんどは枯れてしまいますが、枯れたほうがむしろ、葉がなくなった分軽くなって、冬の強風に耐えることができます。

緑肥作物を使うのがどうしても難しい場合は、寒冷紗やフィルムを用います。ですが、それを使うことは最善ではありません。あくまで、自然素材で農空間の機能を高めることができない時の代用品です。

この農空間が完成すれば、空気の流れと淀みを作り出すだけでなく、周辺の環境にもよい影響を与えることができます。その一つが、雑草の管理です。雑草は適度な日射が地面に当たることで発芽します。光が弱まると、強日射を好む種子は発芽しません。

図13　繁茂したギニアグラスの株元にはイネ科雑草が少ない。

栽培者が手ごわいと感じる雑草は、弱日射で育つ雑草（木々の下で育つシダのようなもの）ではなく、イネ科の雑草です。こうしたイネ科がある程度、抑制されます。当然、大量の種子が土壌に混入していれば、その分、効果があっても発芽する種子が多いので、結果は繁茂することになります。大量の種子が混入している場合は、必ず事前に太陽熱養生処理を行って、雑草種子を減らしておく必要があります。

第3章　㊌《う》について

■土を変える水の働き

水はどの程度必要？　水はあればあるだけいいというわけではない？

光には光飽和点や光補償点という基準があるように、土壌にも土壌中の水分の張力によって、基準や呼び名があります。最大容水量、圃場容水量、毛管連絡切断含水量、成長阻害水分点、初期萎凋《いちょう》点、永久萎凋点、絶乾土などに分けることができます。一つひとつ説明はしませんが、簡単に言えば、植物が吸える水かどうかということです。吸えない水があるということが、不思議に思えるかもしれませんが、実は吸えない水がほとんどなのです。

吸えない水を吸える水に変えることが何よりも大切ですが、それには後述のように土が整っていなければなりません。そこでまず体験的に、一般の栽培者が感じるであろうことをお話しします。

ハウス栽培では、水管理で乾かしすぎてしまうことはあまり起きないと思います。ハウスで極限まで乾かすと、露地とは比較にならないほど、それはあたかも砂漠のように乾きます。そこまで乾くと、なかなか土壌水分を適正な状態に戻すことはできません。なぜならハウス内では通常の外気よりも高温になるので、表面だけでなく、地下深部からも水分が上がってくるからです。

つまり露地の場合よりも、もっと深いところまで乾燥状態になるのです。さらに硝酸性の肥料などを多く施用してきた過剰畑では、表面に塩の結晶が白く見て取れます。そうした表面は、乾燥しているだけでなく塩類濃度（ＥＣ）も高いため、播種しても発芽しにくくなります。

一方、露地栽培では、ハウス栽培ほど乾燥状態になることはありませんが、それでも晴天が続くと生育が悪化します。そんな時に大雨が降ると、一日にして生育が良好になります。大雨は、乾燥状態にある作物にとって、救いの水なのです。

しかし、豪雨のような大粒の雨は、地面の状態を悪化させます。畑の頭上に樹木の樹冠が広がっている場合、天蓋のような葉が雨を受け止め、葉の上に溜まった雨粒が大きな粒になって葉が重みに耐えられなくなったら、地上に落下します。落下した雨粒は、地面を叩きます。そうした雨粒で叩かれた地面は、餅つきのように土塊がつぶされ、水と一緒になって粘土が練られていきます。

粘土は小さくて水に溶けやすく、水の流れで表面から下へ沈んでいきます。沈んでいく粘土は、地面の内部にまで及びます。そうなると、発芽が不良になるだけでなく、溶けた粘土が土壌間隙に入り込んで酸素が不足し、生育が悪くなり、根が肥大しない状態になります。これは水が、土を変えていく様子です。

他にも、ロータリーした直後に大雨に降られることもあろうかと思います。そのような時、表土の細かく砕かれた細粒土が消えてしまうことがあります。残されるのは、世界遺産のカッ

図14　大雨で粘土が洗い流され、無数の小さな砂の小山ができています。

図15　カッパドキアの岩石群（提供：photoAC）

パドキアの岩石群のような、無数の小さな山です。

それらの山は、雨水で流されなかった砂や小石なのです。では、細粒土はどこへ行ったのでしょうか。あたりを見渡せば、低くなったところに粘土が堆積しているのが見えるはずです。さらに地上からは見えませんが、無数の小山をどけて少し掘ると、その下のほうに粘土が沈んでいることがわかります。つまり粘土はすべて、低地へと運ばれてしまったのです。

㊌が土の状態を変えるというのは、水の物理的な浸食運搬堆積の作用によるものです。この作用によって、自然状態では作物が作りにくい方向へと向かっていくのです。

■水を吸える土の構造

先ほど、植物には吸えない水がほとんどだと言いました。もちろん、水耕栽培というのがありますから、水耕栽培では植物は水が常に吸える状態にあります。水耕栽培では、むしろ水に含まれる溶存酸素の問題が大きいです。

土で栽培する土耕栽培では、土壌間隙が十分にあれば酸素の問題はありませんが、その代わりに水の問題が生じます。

土壌間隙とは、土壌粒子と土壌粒子の隙間のことです。この隙間には、毛細管現象により、水を保持することができます。植物はその状態にある水だけを吸えるのです。

たとえば、コップに入った水を吸うために、人間は「ストロー」を使いますよね。水道ホースでは直径が大きすぎて、吸えません。では、注射針ではどうですか。水道ホースや注射針では吸えないことはおわかりいただけると思います。

人間がそうであるように、植物にも吸える径があります。それには、水がある場所の土壌間隙の大きさが関係しています。

土壌中の水は三つの形態に分類されます。粗大な孔隙に弱い力で保持されている水を重力水と言います。また、土壌粒子の表面に強く吸着されていて、吸うのが難しい水を吸湿水と言います。微細な孔隙に毛管力で保持されている水を毛管水と言います。この毛管水という土壌水が、有効水と呼ばれ、植物に利用される水なのです。

ロータリーで土を耕した後は、下層に沈んだ粘土と表層に残された砂などが混ざり合い、適度に大小の粒径が混ざった状態になっています。しかし、大雨で流されてしまうと、表層にはカッパドキアの景色のように砂の塔が残り、下層には粘土が沈降します。この時の砂の中の水は、先ほどの三つの形態でいうところの重力水なのです。重力水は過剰な水なので、作用的には重力流去水として、流れ去ってしまうか、あるいは日射で蒸発してしまいます。

結果的に、カッパドキアのような土壌に播種しても、そこにあるのは重力水なので、植物は水を吸うことができず水分不足に陥ってしまい、発芽が揃わないということになります。また、仮に発芽して成長したとしても、下層には粘土が集積しており、そこにある水は三形態のうちの吸湿水になっています。これは無効水と呼ばれる、植物が利用できない頑固に土壌に張りついた水です。結果的に植物は、水のある場所を追いかけて根を張り巡らせなければ、利用できる水にありつけないということになります。

しかし、そもそも光合成は水がなければ進みませんから、根を成長させるブドウ糖を作ることもできません。そのため、根を十分に張り巡らせることができず、地上部も成長が旺盛にならずに、植物の儚い一生を終えてしまいます。

■水稲に水を吸い出させる

ところが、これらは野菜などの話で、水稲だけは別です。水稲は、気根があるので、空気中の酸素を根へ送ることができるのです。水耕栽培の弱点である水の中の十分な酸素量の確保という課題を克服できます。さらに、大雨が降っても土壌の崩壊が起きず、さらにはダムの役割をして、洪水を防止する機能を保有します。将来、日本から水稲という作物が消えた場合、下流域に広がる都市は年中、洪水被害に苦しむことになります。そのくらい水稲は、日本のような多雨国土の保全には必須の作物なのです。

土壌の崩壊が起きないというのは、肥えた土が圃場から川へ、そして川から海へと流亡しないという大きな意味があります。ただし、水稲の場合、代かきという工程があります。代かきがあるために、代かきによる濁水が川に流れ込むことが懸念されますので、それについては今後、農家に注意を喚起していかねばなりません。

水稲は作物の中でも、非常に簡単であり、なおかつ難しい作物だと思います。釣りで言うところのフナ釣りです。子どもでもフナは釣れますが、ヘラブナ釣りは釣りの中でも最も難しい釣りの一つです。米づくりも同様で、小学校でも授業で教材として使われるバケツ稲作のように素人でもできますが、極めようとすれば非常に難しいものです。

水稲はさらに、緩衝性がある作物です。水がなければ作れないというわけではありません。水がなくても陸稲でも十分に作れます。むしろ陸稲のほうがよくできたりします。水稲で田植えして、その後の管理で陸稲にした場合は、土壌の表面が固化しているので、大雨や諸々の影響が及びません。

また、根に酸素が供給されるので、陸稲は根が元気なのも特徴の一つです。根が元気だと、登熟後半の収穫直前まで肥料を吸収し続けられます。さらに根が元気だと、大雨の後にも根が土の中の水を吸水し、蒸散させることができます。そうすると、大雨が降った直後なのにコンバインを入れて朝から刈り取りができるのです。

ですからこれからの水稲栽培には、いいことずくめの後半陸稲栽培、つまり間断通水を勧めたいと思います。ただし、この方法は飽和透水係数（地盤に浸透できる最大能力）が高い黒ぼく土や砂質土の場合は干ばつ被害が起きるので、ベントナイト（粘土の一種）などで硬盤を形成していないと難しいです。数値的には、日減水深が二〇～三〇㎜の土壌に土づくりをしておくことが前提です。

■毛細管現象を維持するか断ち切るか

作物に水を与えたら作物だけが反応してくれると助かるのですが、多くの場合、水やりは作物の周囲の雑草も元気にしてしまいます。そこで、この有効水と無効水の仕組みを利用するのです。

播種時、播種後に大切なのは、酸素と水です。当然、温度管理もあります。酸素を遮断することは難しいので、水と温度でコントロールをします。植え穴は、三角ホーで縦に溝を切ります。そうすると、▽のような逆三角形の溝が出来上がります。その底部分は、ホーの先で押しつけながら掘られたものですから、硬く、毛細管現象で底のほうの水と水道パイプでつながったようになります。あたかも地面深くに打ち込まれた井戸のパイプと同様です。穴底の水が少なくなれば、底から適度に供給され、湿潤な環境が維持できます。つまり、巨大な貯蔵タンクから水が供給されている状態なのです。

さらに▽空間は、夏は斜面の角度で直射を受けにくく、温度変化が緩やかです。

逆に、植え穴を掘る際に出た土は、すぐ横に△のように三角形にふんわりと盛ります。そうすると△空間は、下の貯蔵タンクと水の連続性がありません。毛細管現象のパイプが絶たれているのです。さらに夏は飛び出している位置関係から日射を強く受け、表面積が大きいので高温になりやすく乾燥しやすいです。そういう場所は、雑草が発芽しにくいです。また、発芽しても根が深く伸びていないし、盛り土は隙間が多いので、除草もしやすいです。

結果的に、溝底では苗が生え揃い、そして山盛りされたほうでは土がむきだしです。山盛りされた土は、雨で時折崩れてくれるので、溝底の苗の土寄せは自然任せで、時間が経つと、▽空間は平地となってきますし、▽空間には△空間の粘土が適度に流れてきてくれるので、栽培空間としては良好な空間になります。

筆者は、真夏の玉ねぎの播種や冬の葉物野菜の播種にこの方法を用いますが、いずれも失敗が少なく、順調に生育させることができます。

■根の広がりで作物が多収できる（事例１）

マルチには雑草を抑える働きがありますが、同時にその色によって土壌水分を保持する役割、さらに地温上昇を抑制したり、逆に高めたりする役割があります。また、地際に生育する野菜の泥汚れを防ぐこともあり、多くの農家の間で普通に利用されています。

しかしながら、世界的にＳＤＧｓが唱えられるようになって、だんだんと石油製品の使用に対してアンチ行動を取る人が増え、多くの人々の間で、ポリ袋の使用自粛が広がっています。近い将来、農業分野においても、マルチなどの石油製品に対し批判や指導が行われることが懸念されます。

その代用品として生分解マルチというのがあるわけですが、有機ＪＡＳには適合しておらず、マルチに依存する日本の多くの農家にとって、臭化メチルの使用が廃止された時以来となる大きな変革が求められるようになるのも、それほど先のことではないかもしれません。

さて、作物がそのマルチの下にどのように根を張らせているか見たことがありますか。なかなか他人の圃場で土を掘らせてもらうことはできないのですが、そこは土壌医の特権です。筆者は、土壌分析調査という目的で、ニラ農家の土を掘らせていただいたことがあります。

マルチの穴にはニラが植えられているのですが、頭上灌水されているので、当然開けられた穴の下には根がびっしり張っています。五戸の農家で調査をしたのですが、先の四戸の農家ではそれほど驚くようなことはありませんでした。ニラの生育も普通によく出来ていました。ところが最後の五戸目の農家のニラがとてもよく出来ており、期待感を高めて掘らせていただきました。

調査に同伴する大学生と一緒に掘ったのですが、その農家の土は、マルチの下を掘ったのに、細かい根がびっしり地面を覆っており、大学生が根をどけて土を採取するのに苦労しました。マルチの下に点滴チューブを入れているわけでもなく、頭上からの灌水だけだったので、それほどの違いがあるとは思ってもおらず、正直驚きました。

確認できていませんが、マルチに開けられた丸い穴の下の根は、いずれの農家も同じような土の状況だったと思います。明らかな違いが確認できたのは、地上部の出来とマルチ下の根の生育量です。この両者に強い相関があるのではと筆者は考えました。

根は地下部へ伸ばすことが大切だという考えが筆者にはありました。伸び方についても、根元からまっすぐに下方向へいくことだけが大切だと思っていました。

しかし、このようにまず、水平方向に伸びるようにすることが大事だと気づかされたのです。水平方向には、酸素が十分あります。鉛直方向には下へ向かえば向かうほど、緻密性は高まり酸欠状態です。つまり根は伸びにくくなるのです。

ところが、水平方向へ大きく張り出すことができたとすれば、そこから鉛直方向に向かうことで、酸素が少ない部分に大量の根が下りていけるはずです。下へ向かう本数が多ければ、下層に伸びていく本数も確率的に多くなるのではないでしょうか。そうすれば、その下層に伸びた根が多いほど、地上部で起きる高温や低温、乾燥などに耐えることができる、つまり「支えとなる深部の根」ができるのではないかと考えます。

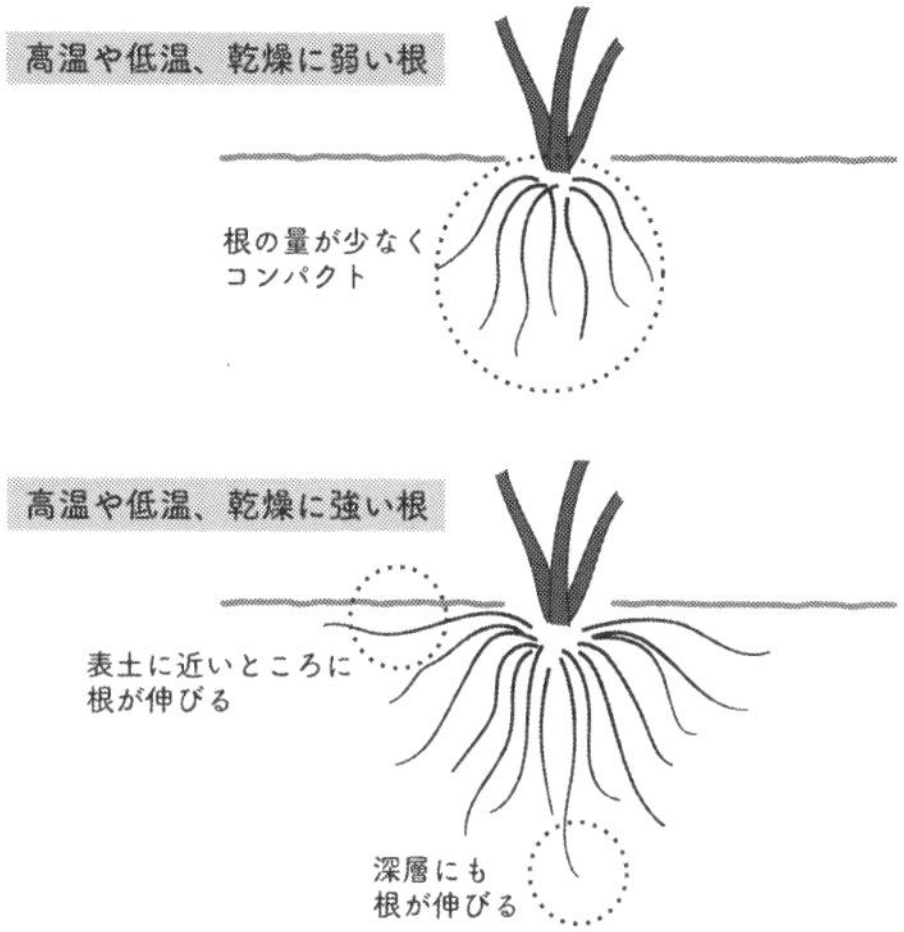

図16　高温や低温、乾燥に強い根が理想。

ですから、理想の根の伸び方は図16のように「横へ伸びてから、下方向」です。しかしマルチ栽培の場合、マルチの下は土壌が乾燥しているため、湿潤な土を求めて伸びるはずの根は伸びていかないのではないかと考えます。根が伸びるようにするには、マルチの下は必ず湿潤でなければなりません。

ですが通常、マルチ下の土は上側に蓋のようにフィルムがあり、日射でフィルムが熱せられて、高温で乾燥していることが多いです。根は水を追いかけますから、マルチ下に太い根は数本出ても、たくさんの根がびっしりと

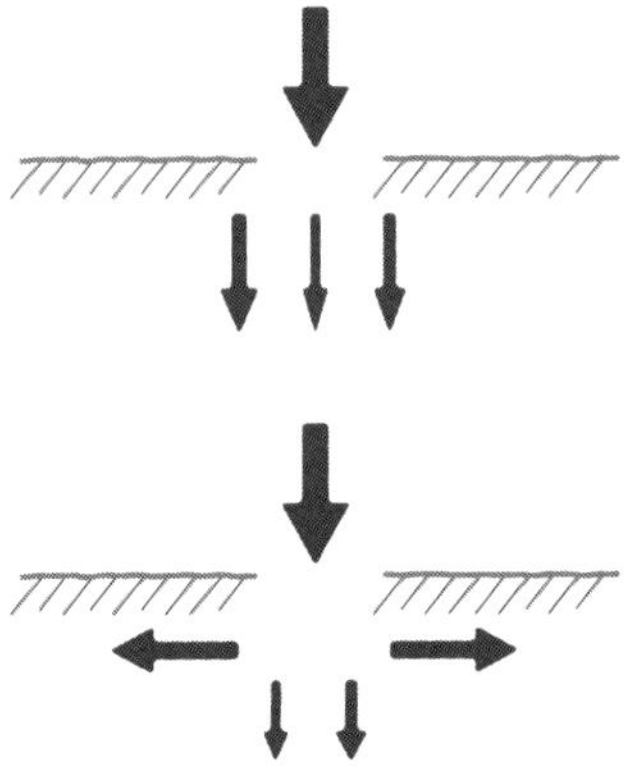

図17　いい土は、マルチ穴から横方向に水が流れます。

勢いよく伸びることはありません。

では、どのような時に、根がびっしりと張る状況になるのでしょうか。

仮説ですが、それは、毛管水が重力水を上回るような状態、下よりもまず横へ広がるような水の動きをすることです。マルチ穴に注がれた水が、すべて重力にしたがって鉛直方向に流下せずに、水平方向に広がるようにするのです。

これは、水ポテンシャル（水を移動させるエネルギー総量）の高いほうから低いほうへ流れる理論に当てはまります。理論によると、乾燥した砂柱の底を水に浸けると、水は重力に逆らって上へ浸透していきます。このように水持ちのよい土壌構造があれば、上や横への移動が可能になるのです。

根圏の水分量を保つには、構造的に地表部に粘土が多く、地下部に砂が多いという配置が必要になり

図18　PFメーター（土壌水分計）

ます。通常の畑では、むしろ逆になるというのは先ほど述べました。

なおこの農家さんは、黒ぼく土に近い土質で透水性がよすぎるので、水持ちをよくするためベントナイトを使用しており、他の農家さんよりも表土付近に粘土が多く分布しています。さらに灌水量も聞き取りをすると、反七トンを毎日与えていたということで、それは一般的な農家（週に五トン程度の灌水）の一〇倍に匹敵します。

結果的に水耕栽培のような密集した細根が張るようになったのです。それは、畑全体において、水が重力水ではなく、毛管水になれる土壌構造を有していたからです。

なお、この農家さんは水の大切さをよく理解されており、このようにPFメーターを設置し、常に土壌の水分量を確認されていました。

■淀み空間

砂と粘土の最も大きな違いは何かというと、砂は崩れるが水に溶けない、粘土は崩れないが水に溶けるということです。その証拠に、カッパドキアの例を何度も出しますが、粘土は水に溶けてしまって、下流側に流れていますが、砂は溶けることができず、その場に残っています。

筆者は、カッパドキアの岩石群のような粘土が下流側や農地の下層に沈降した状態を、「単調な空間になった」と考えています。

単調な空間とは、図19のように、表土から浸み込んだ水分が砂の層を貫通し、粘土の盤の上を横方向へと早く流れるようなものです。これでは、酸素の多い表土は、水の通過点でしかなくなります。そのため、発芽がうまくいかないうえに、根がびっしり横に張るようなことが起きません。

先述しましたが、素焼き鉢での朝顔栽培を思い出してください。子どもの頃に自分の手でどういう環境を作りましたか。そうです。種蒔きするところには水持ちのいい土を、底には素焼きの欠片や腐葉土を敷き詰めました。そのようにしなければならないのです。

水持ちのいい土は大概粘土を含んでいます。その粘土が水を保持してくれるのです。そしてじょうろで水やりを続けると、その粘土は水に溶けて、下層に沈んでいきます。徐々に粘土と砂が混ざっていくのです。

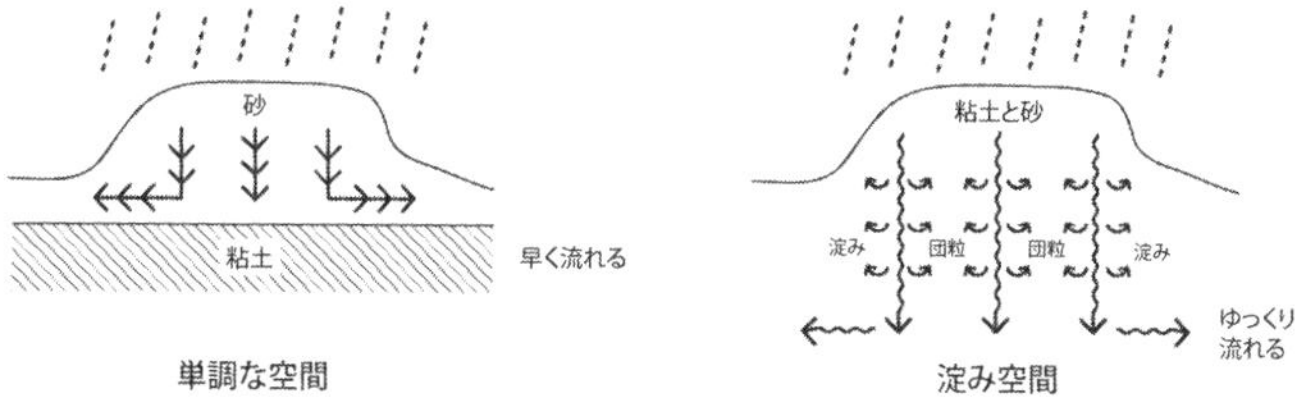

図19　淀み空間（『自然により近づく農空間づくり』から引用）

こうすることで、粘土が地下に小さなダムを作ります。砂浜で、砂城を作っても波に洗われてすぐに崩れますが、田んぼの粘土で小さな用水の水をせき止める農家さんの作るダムは、なかなか崩れません。

このように粘土のダムは一時的な貯留があり、小さいダムだと形成されてもすぐに崩壊し、再びその下流にダムができます。水はストレートに流れずに、何度もとどまりながら流れていくのです。こうしたとどまる状態で生み出された空間を、筆者は淀み空間と呼びます。淀み空間では、水がずっととどまるのではなく、適当な湿潤状態を長時間維持できます。

簡単な例を挙げると、河川の三面張り護岸です。コンクリートで塗り固められた法面や底面は、水を早く流すのには適した構造をしていますが、何も起きていない平常時には、水がほとんど流れていない排水路のようなものです。そこには、生物の棲み処や潤いは少なく、さらに河川の水質汚濁を浄化する力もありません。水を流す機能は特化していますが、それ以外のさまざまな機能が欠如しているのです。

農地の単調な空間は、これと同じです。さまざまな機能を有さない土壌になってしまっています。

関連した話になりますが、「大地の再生」という、主に造園や果樹栽培における水脈をコントロールする技術があります。農園のところどころに六〇cmほどの縦穴を施工するのです。六〇cmは、果樹生産において、必要な有効土層（作物の根が自由に貫入しうる物理状態の土層。山中式硬度計で、二九mm以下の柔らかさの土層）です。

果樹全般に言えることですが、果樹は過湿を嫌います。日本梨のように水分要求度が高い作目でも、粘土の多い重い土が適していますが、過湿は嫌います。過湿は、必ず表層よりも下層で起きます。

この下層で起きる水の過剰問題を解決するのに、この縦穴工が非常に役立つのです。大地の再生では水脈という言葉が使われていますが、水の流れを作ることなのです。それも深いところに水を滞らせずに、流すということなのです。

当然ですが、水が流れると水に溶け込む酸素（溶存酸素）が移動します。表層から下層へと、そして、縦穴へと水の流れだけでなく、空気も一緒に流れるのです。なお、滞った水には酸素が少ないです。赤潮がそうであるように、酸素を生物に消費されてしまい酸欠になるのです。

■㊌《う》の設計

では、㊌の設計では、何をポイントとしていけばよいのでしょうか。それは、先に挙げたように、水の淀み空間を作ることと、水の流れの滞りを防ぐことです。さらに挙げるなら、風や土における設計も関係してきます。水の蒸発や水の浸透です。水はビークル（乗り物）としての役割があるので、空気や栄養分を運びますし、風と土を行き来します。ですから、酸素を浸透させるということにもなります。

三相分布という言葉をご存じでしょうか。土壌は、固体、水、空気で構成されています。それぞれ、固体は土壌粒子や腐植、微生物などを指し、固相と言います。また、土壌中の水は液相と言い、空気は気相と言います。この各容積の割合を三相分布と言います。この理想的な割合は、固相が四五～五〇％、液相、気相がそれぞれ二〇～三〇％です。土壌粒子の隙間を埋める液相と気相を合わせたものを、孔隙率と言います。孔隙率は四〇～六〇％が理想です。表層の孔隙率は気相のほうが高く、深部に向かうほど気相が小さくなり液相のほうが高くなります。

朝顔の素焼き栽培では、下層のほうが気相は高くなっていましたが、実際の土壌でそういう土壌を作り出すのは難しいです。けれども、理想に近づけられるように、設計しなければなりません。それも、時間をかけて徐々に悪化するのではなく、時間とともに徐々によくなる方向へと向かわせるのです。

時間とともに、下層に酸素が入るようになれば、好気性の分解菌や糸状菌が活発になり、細菌が減ってきます。トマト青枯れ病のような細菌の発生は、酸素不足、ひいては滞った水が原因と考えられています。また生姜は、地下水位が高いといはいかなくても深さ五〇㎝ほどの下層の土壌湿度が高い山側の農地では生育が悪いと言われています。表層からは区別できないような地の底での酸素供給ができないのが、課題ではないかと考えます。

では、こういう悪い作柄を良好にしたり、土壌病害をなくすために、何をすればよいのでしょうか。端的に言えば、酸素が下層を移動するようにするのです。

そのために一般的には、プラウ耕や、畝の高さを高くするというのもありますが、プラウ耕は、せいぜい三〇㎝ほど（ボトムプラウが最深）しか耕起されません。筆者がお勧めするのは、弾丸暗渠の穴にもみ殻を疎水剤として土中に充填する施工（図20参照）、また重機で穴を掘り木炭や燻炭を詰める施工、深部に根を下ろすクロタラリアやライムギなどの栽培、これらによって地下空間を設計することです。

よく地下のデザインと言いますが、このデザインは地上からは見えないところに、地下の水の道を施工します。図20の矢印の向きに、地下四〇㎝のところに暗渠が掘られもみ殻が詰められています。畑に降った雨は、地下の暗渠に流れ込み、もみ殻が詰まったトンネルを矢印方向に流れ、一ヶ所に集まるようにしています。

これによって、施工年より徐々に、土壌病原菌を減らすことができます。写真の場所は、細菌病が多発していた場所です。施工後、数年を経て細菌病が減ってきました。ここは細菌病が激発する重症の圃場だったので、粘土と砂の反転など他の外科手術も併用したのですが、時間とともに徐々に土の状態が変化してきました。

図20　モミサブロー（SUGANO）で作った暗渠

どの方向に道を作るかが設計の重要ポイントでありますが、たとえば畝の方向は、圃場の形に合わせないというのも一つの方法です。水は低地に流れて、流れた先で周囲が高くなればそこに停滞します。畝は水をせき止める最も大きな堤となります。この堤の向きに沿ってしか水は流れません。もし堤が長ければ、どうでしょう。その間に停滞する水も増えてくるのです。

水の流れが滞る場所をなくすというのであれば、圃場の一番低くなる方向へ、畝を向けることです。そしてなおかつ畝を短くすることです。機械による作業効率が低下しますが、病原菌によって減収するよりはいいはずです。土壌病原菌による影響が小さくなれば、また畝を長辺方向に戻すとよいと思います。

■主体である作物を含む農空間の㊌

主体は作物ではなく、作物を含む作物圏であると述べました。作物は当然、植物ですから九〇%を水が占めています。水は、作物だけが吸えればよいのでしょうか。それは、環境制御を徹底した管理型温室に譲ればよいかと思います。多くの農地に必要な栽培概念は、作物だけが利用するという考え方をやめ、みんなが共存共栄するように使うことです。水は、作物だけのものではありません。さまざまな生き物みんなに不可欠のものです。

動植物はみな、吸水し、排水や蒸散します。水は、作物だけではなく、多くの生き物（生き物の中には当然病原菌や害虫もいます）が、共有している命の資源なのです。この資源を、作物圏のすべての生き物が利用しているのです。それによって、生き物たちがバランスを取っているのです。害虫だけが独り歩きしないように、他の虫たちと数のバランスを整えて、生きられるようにするのです。

この資源としての水は、作物圏内で滞ってはいけません。わかりやすく言えば、生体内の吸水、排水、蒸散が活発でなければなりません。そうすることで、植物や微生物などは活発に光合成や増殖ができるのです。

もし水が少なくなれば、それは空気中や土中などいずれにおいても言えることですが、植物体内で蒸散や吸水が減り、気孔は閉じられ、体内での水が滞り、葉はぐったりします。サボテンなどは、生理的に水が滞るように出来ていますが、多くの植物は違います。夜露や霧といった葉を潤す水分に包まれていたら、ご機嫌です。土中も、毛管水がしっかりとあれば、安心です。それが、作物圏全体に言えることなのです。

与える水を切ったり、塩類濃度を高め、栽培ストレスをかけなければ、味はおいしくならないという農法もあります。それはストレスによって、（体内の浸透圧ストレスやイオンストレスを高めて味を濃くするという）防御反応を高めているのです。

けれども、そうではない方法もたくさんあるのです。むしろストレスフリーの栽培のほうが一般的で、作物圏全体が安定しています。

あたかも人間社会で言うところの有事で情勢不安定な時期、国家間で経済制裁を行い、物流や貨幣の流れを止めてしまうのと同様です。国同士が助け合い、まとまっている世界を作るには独占するのではなく、共有し、限りある資源やエネルギーをスムーズに流さなければなりません。

第4章　土《ど》について

■マクロ風土が代表作物を決定する

風の章でも、標高や地形によって光量や気温が異なると言いましたが、同様に地形などで土の質も異なります。長い年月をかけて、浸食されてきた台地と堆積してきた低地というふうに、日本列島の中で、比重の軽い粘土は雨水や雪解け水で流され、下流へと運ばれます。

七三〇〇年前の鬼界カルデラの大噴火では西日本の広い範囲で降灰し、火山灰が積もりました。それらは黒ぼく土として、火山のない四国でも見られます。当然、火山が近辺にある地域では、降灰が頻繁に繰り返され、堆積しています。その火山性の堆積物は比重が非常に軽く風化が速いので、たやすく下流へと運ばれます。また、島嶼部では海砂が打ち上げられ、島全体が砂で形成されているところが多く見られます。

水の力で削る浸食、水の力で運ぶ運搬、運ぶ流れが弱くなって堆積する。この三つが水のダイナミズムですが、これによって、マクロ風土の土の部分は形成されます。その土に適応した作物の栽培が、古くから伝えられてきています。

たとえば、水不足に悩まされてきた淡路島では、乾燥に耐えることができる玉ねぎが特産です。いまは問題が少なくなっているでしょうが、水不足が起きても心配なく栽培ができる作物が地域に受け入れられていったのでしょう。また、土が深くて柔らかいという地域の特徴から、深谷ねぎのような白ねぎ栽培が根づいていったのだと思います。

他にも、粘土質の土壌で作られた根菜は、細胞が細かいと言われます。細胞の成長には一定以上の水分の膨圧が必要ですが、乾燥した粘土中で吸水が制限されると膨圧が一定水準を下回るので、細胞が小さくなります。見方を変えれば、細胞が小さく緻密であれば乾燥に耐えられるので、植物がそのように進化してきたのかもしれません。ですから農家は、渇水が続いても収量が確保できるように、傾斜地の畑では大根や芋類などの根菜を作ることが多いようです。

日本は南北に長いので、暖地と寒地で縄張り争いが避けられています。つまり住み分けができているのです。住み分けとは、同じ作物でも出荷時期が異なるということです。最近は栽培技術の向上で、周年出荷が増えてきましたが、露地栽培においては住み分けが続いています。

ですから、北海道の玉ねぎと淡路島の玉ねぎは、住み分け、つまり産地のバトンリレーができるのです。ただ、同じ玉ねぎでも味が違います。早く育つか、ゆっくり育つかの違いがあります。北海道は夏の栽培なので、生育が早く、甘味より辛味が強い玉ねぎが出来上がります。一方、淡路島は冬の間の栽培なので、生育が緩やかで、甘味のある玉ねぎが作れます。

他にも、マクロ風土で作物が決定される例はたくさんあります。しかし、温室栽培や保冷保温システムの導入などで、端境期への出荷が可能となり、また鍋需要やバーベキュー需要など消費主導の野菜づくりが先行しています。その場合、マクロ風土とは無関係に事業推進をするので、栽培現場では諸々の問題が発生します。栽培上の諸問題は、やはりミクロ風土的な視点から解決していかねばならないと思います。

■農家は料理人ではない。料理人は作物本人だ

先述した、地域に昔から伝わる伝統野菜は、売れるからという経済的理由で決定されたものではなく、作りやすいから長い間栽培されてきたのだと思います。作りやすさは、地域農業が永続するための非常に重要な要素なのです。逆に言えば、流行りを追いかける栽培体系は、永続する可能性はきわめて低いです。

では、「作りにくい」栽培環境という問題点に目を向けたいと思います。まず、「作りにくく」してきたのが農家本人だということに、農家は気づいていません。

農家は自分の力量を誇示します。そして自慢の作物を愛します。愛することは素晴らしいことですが、溺愛のレベルなのです。溺愛するあまり、作物が肥料を欲しがっているだろうと過保護的に考えて与え続けているのです。これが大きな勘違いです。

あたかも、自分が料理人のごとく、自分の手さばきで作物が出来上がっているかのように声高にメディアに登場する人がいます。本当にそうなのでしょうか。確かに、枝を整えたり、中耕したり、灌水をしたりという手を加えて作物は栽培されますから、農家が自分のことを料理

人のように認識してしまうのも無理ありません。それでも、料理人はあくまで作物自身です。作物は、自らの生産プログラム、料理に例えるならレシピを持っています。それは小さな遺伝子の中に書き込まれたレシピです。

では、農家は何をする人でしょうか。農家は、食材提供者であって、調理器具や道具を揃えるだけなのです。作物は、「いまは肥料を追加しないで」とか「いま肥料が欲しい」とかと、機敏に要求を変えてきます。それに応えられるように、事前に食材（肥料）を調理台に載せてやるのです。

食材である肥料は、作物がすぐに調理できるようにされていなければなりません。たとえば、農家が調理台に載せたとしても、それが調理できないようなものであってはなりません。たとえば、三分間クッキングで調理台に、土つきの里芋がもぎ取られずに丸ごと置かれているようなものです。その里芋の準備をしていたら、料理が間に合いません。

このようにすぐに料理できるように、皮をむいてカットして、すぐに鍋に入れられるように「下ごしらえ」しておく必要があるのです。

栽培において有機質肥料を施すのは、主に窒素、リン酸、カリを長く少量ずつ補給するためです。栽培者は、有機質だから緩やかに効くだろうと思っています。しかし、窒素に関して言うならば、有機質はタンパク質なのでそのままでは吸えません。タンパク質は微生物による分解を受け酸素と反応し酸化して、アミノ酸やアンモニア態窒素、さらに硝酸態窒素に転じて、それぞれ吸われるのです。施用してから吸肥に要するまでの時間はまちまちで、場合によっては年越しして翌年、さらにその先にやっと吸えるようになる場合もあります。

吸収され具合は材料のC／N比、土壌ｐＨ、さらに土壌の温度や水分量、酸素の有無などによりますから、当年にはほとんど肥料効果が発揮されない場合だってあるのです。そんなことを考慮せずに大量に投入してしまう人は、あたかも調理台の上に掘りたての里芋を大量に置いてしまうようなものなのです。

■何を調理台に載せるか

作物の養分吸収パターンは、生育ステージによって異なります。作物が求める肥料養分を与えるのには、化学肥料の単肥（窒素成分二五％くらいの硫安肥料など）が最も適しています。必要なものを必要なだけ与えればよいからです。さらに点滴チューブによる点滴栽培は、適量を欲しがるタイミングで与える最も適した栽培方法です。

しかしながら、単肥であっても、一つの成分だけで構成されているわけではありません。また複合肥料（窒素、リン酸、カリの必須の三要素が混合された肥料）も、三要素がすべて作物に跡形もなく吸われるわけではないのです。けれども、多くの栽培者は三要素が結びついていて、それらをすべて吸収してくれるのだと思っています。

コンビ漫才で笑いを取るのは必ず片方のように、肥料も生育に必要なものは片方にしかないことが多いです。つまり必要なほうを抜き取ってしまえば、相方は土中に取り残されてしまいます。所在なげにイオン状態でさまようのです。こういうものが土中にたくさん蓄積していきます。ＥＣ（電気伝導度）は、その取り残された相方の人数をカウントしているようなものです。

一方、有機質肥料は溶け出しが緩やかなぶん、当年の作つけに足りなくなる恐れから、初年度はついつい量も多めに入れる事例が見受けられます。繰り返しますが、水や温度、酸素の条件によって、肥料成分の溶け方はまちまちです。生育初期は水溶性の無機態窒素やアミノ酸が吸収されますが、残された物も微生物によって徐々に分解されていきます。これらが分解され、作物に吸収されるまでには時間がかかります。

必要なものを抜き取った後の、相方が土中に残るのは有機質肥料も同じです。動物性の場合には、硝酸や硫酸が大量に含まれています。窒素・リン酸・カリ以外の不要なものが、土中に蓄積するのです。

化学肥料、有機質肥料いずれにしても、肥料養分が吸われた後は何も残らないという考えはなくしてください。けれども、取り残される相方が比較的少ないものがあります。それが、植物由来の肥料です。植物由来の肥料は、肥効がとても緩やかで相方が土に影響を与えることが少ないため、自然栽培の方も愛用しています。

肥料の効果は、化学肥料>動物由来の有機質肥料>植物由来の有機質肥料です。ならば、植物由来の有機質肥料だけで栽培をすれば、作りやすくなるのではと思われるかもしれませんが、植物由来はデンプンや糖分（炭素主体）がある代わりに、タンパク質（窒素主体）が少ないのが特徴です。ですから、予定収量から必要窒素量を算出すると、かなり多めに入れる必要が生じます。仮に多めの収量を見込まないのであれば、植物性で十分ですし、もう少し収穫したいと願うのであれば、動物性、さらに化学肥料が必要となります。

考え方としては、芋や豆、米などは、植物由来の肥料で十分だと思います（多収を求める場合は別）。なぜなら芋などはデンプンを蓄積しているからです。収穫物がデンプンを多く含むかどうかが分かれ目となります。逆にタンパク質の含量が多い作物は、窒素の要求量が高いわけです。

トウモロコシなどは、窒素施用が効果的です。豆もタンパク質が多く含まれていますが、同時にデンプンも多いので、こういう作物は肥料バランスが非常に難しいです。

私見になりますが、豆>芋>米>トウモロコシ>果菜>葉菜は、デンプンの必要量を順番に並べたものです。またタンパク質では、トウモロコシ>豆>果菜>葉菜>米>芋の順番です。

両者をあわせると、豆はデンプン、タンパク質の両方を高めなければならず、肥培管理が難しいと言えます。それも春や秋の短い期間で、短期間に肥大させ収穫期間も短いので、難しさは倍増します。その点、トウモロコシは、窒素の多給が許される作物です。また他の植物と違い、炭素量が一・三倍あります。ある程度の粗放が許されるので、大規模栽培が可能です。

なお筆者は、豆の栽培には必ず、乳酸菌で発酵したビール粕を用います。ビール粕を三〇㎝ほどの溝底に敷き詰め、覆土してその上に播種します。乳酸菌で発酵したビール粕はC／N12で炭素と窒素のバランスがいいので、これをなるだけ長く、じっくり吸わせるのです。

■肥料をたくさん入れる有機農家が土を乾かしてしまったら……

有機農家がいいものを作るというのは、本当にそうであってほしいですが、実際のところ、そうではないこともあります。とくにたくさんの有機物を入れてしまう農家は、危険と背中合わせです。

収量を増やすために、たくさん入れることが悪いというのではありません。作物の吸収量を上回るほどの量を入れる必要がないということです。年によっては、悪天候で生育が悪く、全く収穫できない年もあったりします。それなのに、翌年も同量を入れてしまうと、ダブついた状態になるのです。その場合、ダブついた分をそのまま作物が吸肥してしまうこともあります。有り余る栄養過多状態の作物は、硝酸態窒素が高くなり、ビタミンなどの栄養価が低く、糖度も低くなる傾向があります。せっかく無農薬で作っても、栄養価が低ければ台無しです。

この傾向は、とくに有機物を乾燥させた場合に起きやすいです。つまり窒素成分が酸化（アンモニア化反応や硝化反応）してしまうことで、起きてしまうのです。硝酸化した窒素は、多くの作物に非常に吸われやすいです。吸われやすいことはいいことですが、吸われやすい成分が多いというのが問題なのです。

鶏糞を使う有機農家は、全国的に見ても多いです。安価で、窒素およびリン酸成分が高く、肥効率（施用当年の利用率）が高いからです。あたかも化学肥料のような効き方をする有機質肥料だと言えます。

鶏糞の特徴としては、全窒素に占める無機態窒素の割合が多いうえに、硝酸態窒素よりもアンモニア態窒素のほうが多い傾向にあります。それは水分がたくさんある牛糞のような発酵経過とは異なり、乾燥で発酵させることが多いために硝化菌が活性化せず、硝化反応が進まなかったためです。

畑土壌では、好気性（エネルギー代謝に酸素を必要とする性質）の硝化菌が土壌中のアンモニア態窒素を容易に硝化するため、硝酸態窒素が優先です。ですから、アンモニア態窒素が投入されれば、容易に硝酸態窒素に変化させることができます。鶏糞を入れると化学肥料のように効くので、有機農家も喜んで使うのです。

一方、水稲ではアンモニア態窒素肥料を施用します。湛水期の水田土壌は好気的な環境の表層（酸化層）と嫌気的環境（酸素を含まない状態）の下層（還元層）に分かれ、還元層ではアンモニア態窒素が硝化作用を受けないため、アンモニア態窒素のままとどまります。

ですが、鶏糞を施用するのは水田が乾いている時期なので、水田は畑と同じようになっています。水田においても酸化する層においては、畑土壌中と同様に硝化が起きます。そして水田の入水（水の動き）に従い、硝酸態窒素が還元層に移動すると、脱窒菌と呼ばれる微生物によって硝酸態窒素は窒素ガスに変えられてしまいます。この菌は硝酸態窒素を窒素ガスに変える、すなわち「肥料成分をガス化して逃してしまう」厄介な存在です。このように水田においては、タイミングや扱いが難しいです。

再び畑の話に戻します。畑において、注意しなければならないのは、鶏糞を大量に畑に投入してしまうことです。その後、畑が雨や灌水で、湿潤になり、次に乾かしてしまうと、土壌中の硝化菌らによって、大量に硝酸態窒素に変化します。

土壌に緩衝機能がある黒ぼく土ならまだいいですが、通常の非黒ぼく土は作物に急速に利用されることになります。また黒ぼく土なら、リン酸吸収係数が高いこともあり、鶏糞に多く含まれるリン酸の過剰症は起きにくいです。非黒ぼく土では、それを避けるために、乾燥させたイネ科植物をはじめとする粗大有機物を事前にしっかり入れておくことが大切です。

まとめますと、黒ぼく土なら絶対安心ということではありません。加えて、このような事例は鶏糞だけに限ったことではありません。すべての有機物資材において言えることですが、大量に用いる農家は、土がフカフカになりすぎて土の比重が下がっている傾向があり、過乾燥に向かいやすいため、施用して灌水した後は、絶対に土を乾かさないことです。

乾かさないようにするには、表土をマルチや有機質資材などで覆うことが一つありますし、灌水を頻繁に行い、ＰＦメーター（土壌水分計）で土壌湿度を監視し、維持するように心がけることが大事です。これを怠れば、作物の硝酸態窒素濃度が高くなり、害虫を引き寄せる原因となります。

■ジェットコースター栽培

害虫を引き寄せるような危険な傾向は、夏の終わりに強く現れます。地力窒素が発現しやすいのです。地力窒素は、土壌中の有機態の窒素を指すのですが、この有機態窒素の分量を測定する時は、三〇℃で四週間培養します。それによって出てくる無機態窒素を測定し、有機態窒素の量を確定するのです。自然界で土壌温度が三〇℃の状態が四週間続くのは、八月です。ですから、八月の終わりから九月にかけて土壌を乾かすことは避けなければなりません。

それ以外の時期は大丈夫かというと、そうではありません。地力窒素が発現しなくても、雨が少なく曇り空で光合成が弱ければ、同様のことが起こります。

たとえば光量の少ない冬には、温度も低く葉緑体が活性化しません。そのうえ、灌水が少ないとなれば、炭水化物の生成量も少なくなります。そうすると、炭水化物に対する窒素の割合が増し、バランスが悪くなります。害虫が活発に活動する時期ではありませんが、温かいハウスの中は、害虫被害が多くなります。

一度こうした硝酸態窒素が増加する状況になってしまうと、作物自身のミネラルが不足し、健全な生育であるミネラル優先の栽培ができなくなり、元の状態に戻すのが難しくなります。さらに悪いことに、窒素が吸われやすいということは、土の中に残存する窒素が少なくなるということになります。ですから、過剰吸肥のあとにやってくるのは、窒素欠乏という、ジェットコースターのような急角度の栽培になるのです。

これを「作りにくい」と言わずして何と言うのでしょうか。有機栽培が難しいと言われる理由の一つに、こうしたジェットコースター栽培になってしまうことが挙げられます。有機栽培でなくても、点滴で少量ずつ滴下して生育をコントロールする化学肥料栽培のほうが、窒素を安定的に供給でき、作物体内の窒素の過剰を防げます。

では、有機質肥料のみで栽培する利点はあるのでしょうか。あります。それは、土の深いところまで肥えた土を作り出せた場合に限ってです。たとえば三〇～五〇cmの深さまで土を柔らかくすることはできますか。またそこまで伸びても肥料養分がしっかりあるような状態にできますか。

多くの土壌の場合、先述のように表層に砂、下層に粘土というふうに二分化しています。下層の粘土でできた硬盤が三〇cmほどのところにあり、肥料の浸透や根の伸長を遮ります。ですから、そうした土壌では作土の厚みが薄いので、肥料濃度が濃くなり、作りにくくなるのです。

筆者が保有する圃場で、最もよく作れるところは、表層から一m以上も砂質土の圃場です。そこに粘土も多少は混ざっていますが、代かきして水田にするのが難しい、漏水田なのです。そこに堆肥を毎年一〇トン、粘土資材を二〇〇kg、そしてソルゴーやエン麦を一〇年以上も連作しました。結果、出来上がった土壌で水稲を栽培したところ、無施肥で一一俵の米を三年連続で収穫できました。また野菜を作っても、多収できる圃場になりました。

同様のやり方でやっても、普通はそこまではいきません。やはり水はけのいい砂が深いところまで堆積していること、そして有機物を大量に施用したこと、さらに緑肥を栽培し、微生物が安定していることが、好条件となったのです。

■支えとなる深部の根

米が多収できる水田には、共通した特徴があります。それは一五～二〇cmの層の根系において、分枝根形成密度が他の水田の二倍で、根毛の発生密度も著しく高いということです。通常は作土である五～一五cmの層からの吸収が普通ですが、さらに下の層から養分を吸収している割合が二、三〇％多いとのことです。

同様のことは、農業試験場が行ったキュウリ農家の調査でも言えます。キュウリは浅根であるような印象を受けますが、図21のように、キュウリの収量は、根の深さと深い関係があるそうです。また、トウモロコシの場合も、根張りが重要だと言えます。写真のように、根の大きさは雌穂の大きさに比例します。トウモロコシは、深く根を張れるように、排水性を改善する対策が最重要です。このように、作物全般に言えることですが、多収穫を目指すなら、下層土へ根が伸長できる土壌環境づくりが欠かせないということです。

では、その下層土を改良するには、どうすればよいのでしょうか。水田の二〇cmはロータリーの爪の届かない深さです。こうしたところの土を肥やすには、通常の堆肥施用や施肥では難しいかと思います。もしそういうやり方でできるのなら、一般的な農家で収量は増加していくでしょう。

土を改良するには、踏むべき手順があります。まず空気が入りやすい環境にすること、つま

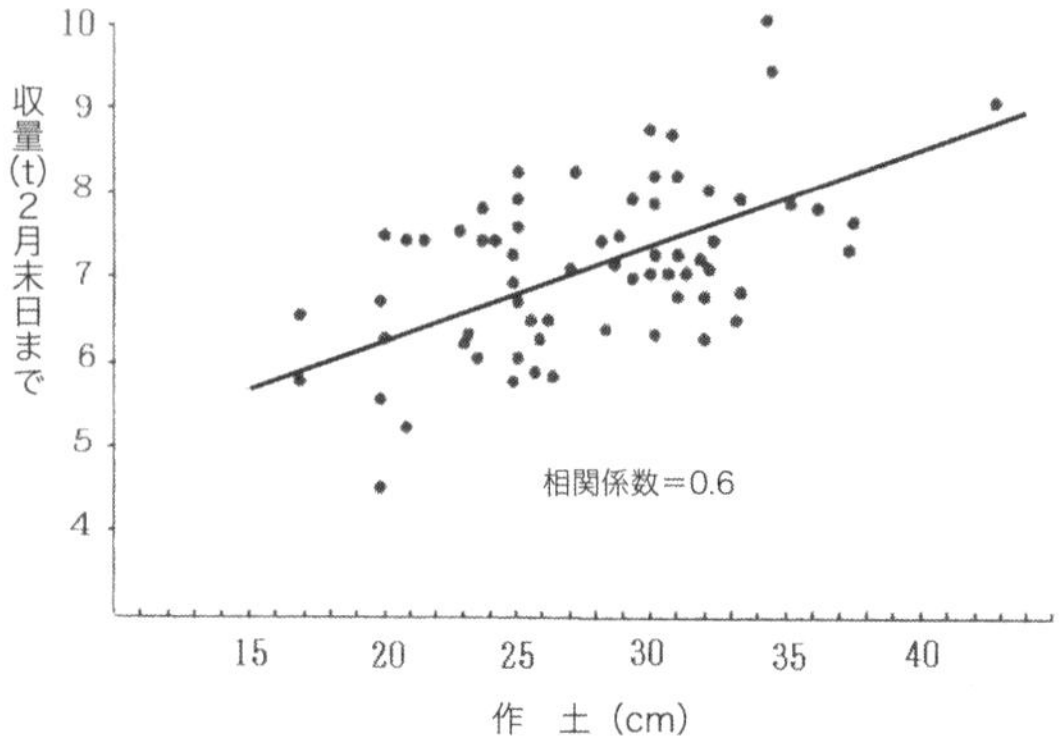

作土の深さがキュウリ収量に及ぼす影響

図21　根が深いと、キュウリの収量は増える。（資料：こうち農業ネット　3-2土づくりの基本　図2-2）

図22　トウモロコシの根が大きいと、実も大きい。（日本農業新聞提供）

り土を膨軟にすることです。そして、次にその空気が入る孔隙に肥料養分を浸透させることです。土が膨軟でなければ肥料は浸透できませんので、まず物理的に浸透する環境を作り出すのです。

マクロ風土の観点から見て、広いエリアで土が明らかに膨軟な状態であれば改良の必要はありません。しかしそういう地域でなければ個々で工夫が必要です。堆肥を施用後にボトムプラウやスーパーソイラーなどの深耕農具を用いるのも一つです。さらに道具がなければ、部分的天地返しで、スコップを使って深さ六〇㎝以上の溝を掘り、表土と入れ替える方法もあります。

なお余談ですが、深耕してよいのは、表層の土が豊かである場合です。貧栄養の下層土が上がってきても、豊かな表層土のかさが多いと、豊かにできるのですが、表層の土が豊かでないと、同じように貧しくなります。

このような深耕は、一般的な物理性の改善方法ですが、本著ではもっとユニークな方法、「支えとなる深部の根を育てること」に主眼を置いた方法をお伝えします。それはつまり、作物が下ろす根よりも、もっと深い根を先に下ろしておくのです。それは、深部に沈殿したミネラルを地上部に吸い上げる役割も果たしますが、それ以上に、強い浸透力を持った緑肥の根で先に硬盤を穿つことで、作物の根の貫入がたやすくなります。

まず、なるべく深い溝を掘ります。高畝でもよいです。緑肥を溝に播種します。すると、通

図 23　畝間緑肥と呼ぶ土壌環境づくり

常に平地に均した時よりも、二〇㎝以上深く根が入ります。この時、根が深くまで入る緑肥（ライムギ、クロタラリア、ギニアグラスなど）を用いるようにします。

そしてそれらが生育肥大期を迎えた頃に切断し、米ぬかなどをスターターにして、ぼかしにします。糸状菌（カビやこうじ菌）が動き終えたら、納豆菌が動き出します。納豆菌は緑肥中の有機物をいち早く分解します。納豆菌が動き出すと、温度が上昇し始め、甘い匂いが、徐々に酸っぱくなってきます。そのまま置いておくとアンモニア臭になっていくので、その前に土に混ぜていきます。

ここから先は土ごと発酵という技術になります。スターターで動き始めた分解途中の緑肥が土に混ざり合い、土の中で嫌気になることで乳酸菌による分解が進む過程で、徐々に吸収養分へ変化し、養分は先ほどの緑肥の根へと浸透していきます。最後に、その溝を次作の畝にするのです。これが溝を用いた、最も基本の土づくりです。

他にもいろいろな方法がありますが、この技術は、通路の溝を用いるというのがポイントです。通路溝には適度な水分もあり、また強風で飛ばされることもありません。この通路で作る緑肥ぼかしは、空間的に堆肥舎から運搬してくる必要もなければ、時間的にも畝の上で作物を同時並行して作れるのも大きなメリットです。

このように、深部の支える根が育つ土壌環境づくりは作物自身が成長しながら作るのは難しいため、前作を栽培中に、溝という空間を使って緑肥の持つ優れた掘削能力を活用するのです。写真は、大根やカブを栽培しながらギニアグラスで深部の硬盤を破砕している畑の様子です。

■根の広がりが作物を強くする（事例２）

根がびっしり張ったニラ農家の土の話をしましたが、愛媛県大三島の有機レモン果樹園でもそのような根の張り具合を確認できたことがあります。それは、枝の先端部の真下にある土を靴の先で払いのけただけで、しっかりとした根がたくさんあるのが見えたのです。表層には周辺の落葉樹から落ち葉が舞い落ちていて、強い日射にも乾きにくい環境が出来ていました。

通常の果樹園は、周囲の雑木を切り倒して日当たりをよくし、地表の雑草は除草剤で皆無にして栽培するのが普通です。一部では草生栽培もありますが、それはあくまで雑草を生えにくく覆うことが目的です。ですから、表面から二㎝ほどのところに作物の根が張ることは絶対にありません。

夏は表層ほど温度が高く、冬は表層ほど温度が低いのが普通です。また深くなればなるほど地温が上がる時期が遅くなり、温度変化も小さくなります。つまり地表は気温の変化に近く、温度変化が大きいのです。にもかかわらず、地表付近に根があるのは、樹の生命力の強さと同時に、樹が根を存分に広げることができる快適な地下空間であることを意味します。

この最も大事なポイントは、「根が地表に張ることができるのは、地表面に水分があるから」なのです。温度変化の大きい地表に水分があることで、地表面の温度上昇を緩やかにしたり、蓄熱の役割を果たしたりしているのです。では、その水分はなぜあるのかといえば、周囲の落葉樹を切らずに残していることで、緑陰が地面に落ちたり、落ち葉が堆積して空気中の熱が地面に直接伝わらないように遮断しているのです。地表面を広く根が覆うことができれば、アレロパシー（他感物質）で雑草も生えにくく、さらに深く根を下ろすこともできるようになります。根を深く張らせるには、まず地表面にもたくさん張ることという、先述の理論の証明にもなります。

図24　防風林の陰に位置することで、気温や湿度が安定した農空間になっています。

図25　落ち葉を払いのけただけで、根毛の多い根が現れます。

■根の広がりが作物を強くする（事例3）

根の広がりについて、他の例を挙げます。筆者と同じ佐川町内に高糖度トマトを有機栽培する農家があります。筆者が住む仁淀川流域は高糖度トマトの有名産地ですが、通常防根シートを用いた根域制限栽培を行っています。その農家もこれまで長い間、根域制限栽培でした。

しかし有機栽培に転換することから、もっと土の力を借りて作りたいと、試験的に防根シートを取り払ったのです。その代わりにさまざまな工夫を凝らしました。そしてその初年のトマトが収穫された日、真っ先に我が家に届けてくれたのです。筆者もその様子がどうしても見たくなり、翌日ハウスにお邪魔しました。

なぜ、これまでの根域制限と違い、含みのある滋味豊かな味になったのか。その秘密を知りたくなったのです。

栽培の話を聞くと、防根シートをやめたら萎れにくくなったとのことでした。トマト農家は常に変化する太陽光と気温と、にらめっこしています。その一瞬の油断が、葉の萎れへとつながり、蒸散不足、吸水不足、光合成不足、糖度低下へと連鎖していくのです。ですが、その細かな管理が、さほど要求されなくなったとのことでした。

畝の上にある点滴チューブの下の根を掘らせてもらいました。これまでの防根シートの場合と同じ根がそこにはありました。違いは他に探さねばなりませんでした。そこで、ある場所が気になったのです。それは通路です。点滴栽培なので、通路はカラカラに乾いています。それに加え作業員さんが日々歩行するので、土は硬く締まっています。そんなところに?と農家さんは思われたかもしれませんが、そこを掘ったのです。すると、地表すぐの場所、つまり作業員さんが踏みつけている直下に、くねった太い根があったのです。チューブ下のまっすぐな細い根とは、同じ作物だとは思えないようなタイプの剛健な根の姿でした。

図26　点滴チューブ下に現れる根（○内）は細く、それだけで十分生育できるはずですが、左のような気になる根が登場します。

この根の性格は、乾いた砂漠のような場所を、水を求めあちこちを探り続け伸びてきた屈強な精神の持ち主といった感じでしょうか。それゆえに、水の枯渇という事態に対する耐性が強いのではないかと考えます。一つのトマトの樹の根に、素直に吸えるまっすぐな根と曲がりくねった根が共生することで、トマトをよりたくましく、実をおいしくしているのではないかと考えます。
○で囲った図26右の根は、点滴チューブ下の細根を出してきたもので、左の根は通路まで伸びていた太根です。太根は、この太さのまま通路まで伸びており、先端ほどくねりが大きくなっています。
このトマトの根について、もう少し詳しく見てみます。二つの根は、土壌水分のポテンシャル勾配という理論で説明できるそうです。

植物はその水分勾配の湿潤端側にある根で養分を含む水分を吸収し、勾配の乾燥端側にある根からは代謝による排泄物を含む液体、言い換えれば尿を排出しているとのことです。

そうすればこのトマトの場合、写真右の根は吸水用の根で、写真左の太根は排泄用の根ということになります。なお排泄は、老廃物を流します。具体的には、アレロケミカルという物質です。アレロケミカルという物質は、植物によって異なっていて、植物の成長を抑制する作用があります。その作用で、周囲にあるその他の植物が、自分の周りで成長しないように抑制しています。このアレロケミカルのような物質は、アレロパシーと呼ばれています。アレロパシーは、他の植物に作用するだけでなく、自家中毒を起こす恐れもあり、連作障害の原因の一つでもあります。

このアレロケミカルを通路側に捨てている。そのことで、自らを守っているとも考えられます。いまだ定かではありませんが、水がほとんどないところにある根は何を意味しているのか、萎れにくくなるという関係性も含めて、これからも調べていかねばなりません。

■硝酸態窒素とアンモニア態窒素の比率

有機物をたくさん入れて乾かしてしまえば、硝酸態窒素が増加するという話をしましたが、それらを吸収した作物体内の硝酸イオンの量が増えると、糖度、ビタミンC、抗酸化力は低下します。逆に、作物体内の硝酸イオンが減少すると、それらの数値は増加します。なので、作物体内の硝酸イオンの測定は、ある程度、その栄養価が高いかどうかの目安になります。

なお、ビタミンC（アスコルビン酸）については、果実の細胞が活性酸素などによって傷害を受けないようにするため、ビタミンCを残しているということです。植物にとってストレスとなる環境条件（強すぎる太陽光、水ストレスなど）では活性酸素が発生しやすく、それによる傷害を防ぐため、アスコルビン酸が合成される割合が高くなるということです。

ストレスがない状態で栽培されれば、合成されたアスコルビン酸が、活性酸素による損傷を修復するのに使われることがないために、たくさん余ります。ですから、ストレスのない栽培ができたのなら、ビタミンC（アスコルビン酸）が多く検出されるのです。

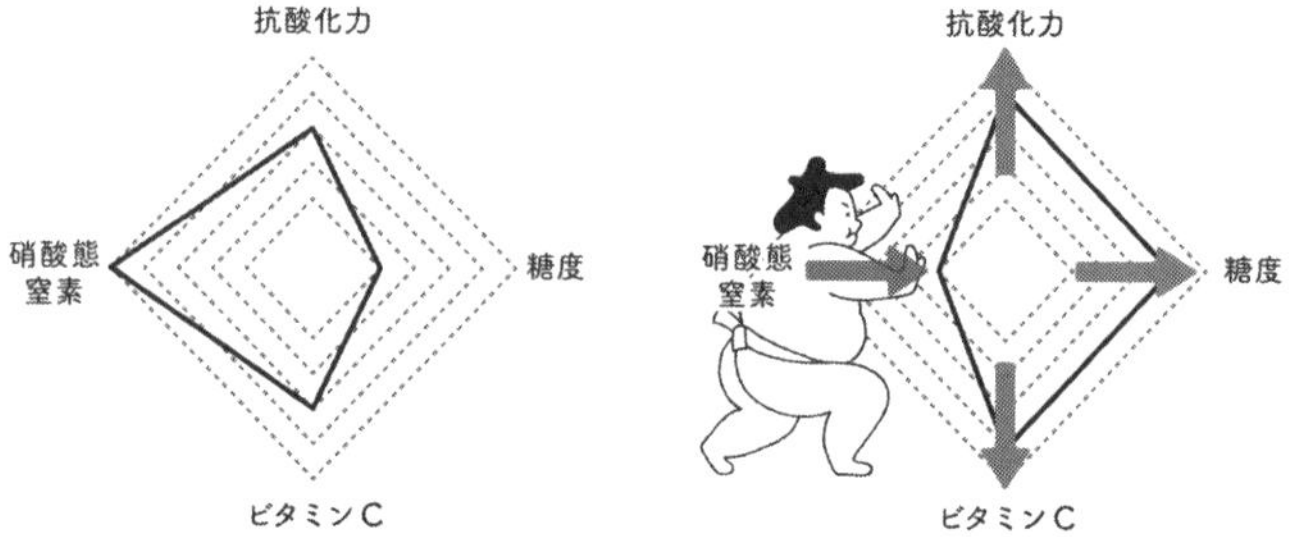

図27　硝酸態窒素を減らす努力をすれば、高品質な農産物が作れます。

実際に、過去に開催されてきた有機農産物の栄養価コンテストでは、硝酸態窒素が低く、その代わりにビタミンCが多く、糖度や抗酸化力が高い傾向にあります。簡単に図化すると図27のようになります。

これが意味するのは、優秀な農産物とは、「硝酸態窒素が低いだけでなく、ビタミンCがたくさん残っており、抗酸化力や糖度が高い」ということになります。

栄養価を高めるには、指標となる硝酸態窒素をいかに下げるかが重要になってきます。ところが、有機質肥料を施用した場合、微生物の分解によって、タンパク質は、ペプチド、アミノ酸、アンモニア態窒素、硝酸態窒素へと酸化していきます。また、堆肥やぼかしなどの発酵系の肥料の場合は、アミノ酸が主体ですが、これらも栽培状況によっては最終的に硝酸態窒素にまで変化していきます。

図28のように、土中ではそのままの状態であり続ける

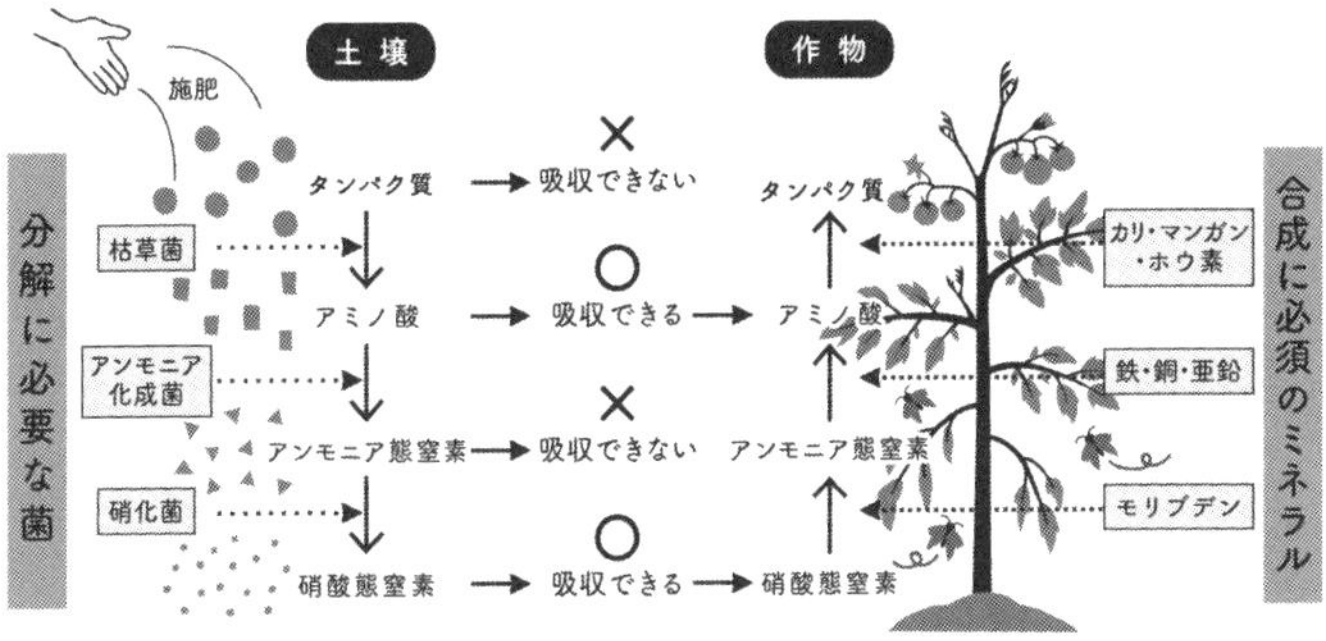

図28　窒素は変化し続けるものです。吸収できる形にすれば植物に渡ります。
（図は、硝酸態窒素を好む作物のイメージ）

のは難しいです。しかし理想は、アミノ酸のままで居続けられる肥料であることです。

還元状態であり続けると、その状態のまま、ある程度いられます。上位への移行は、エネルギーを伴います。エネルギーを放出はできても、獲得することは難しいです。なので、できることならアミノ酸の位置で居続けて、作物に吸収してほしいのです。

しかし、グライ土（酸欠の還元土壌）ではない多くの畑土壌は、電位差計で測定すれば、そこが酸化土壌（酸性土壌とは違う）であることがわかります。つまり常に酸化状態にあるのです。通常の畑は、アミノ酸のままで何ヶ月も、何年も居続けてくれるものではありません。アミノ酸はたやすくアンモニア態窒素に変化しているのです。

アンモニア態窒素を好む作物は、水稲や茶、ブルーベリー、里芋などがありますが、こうした作目は好アンモニア性植物と呼ばれ、アンモニアをグルタミンやアスパラギンに変換して解毒する能力が高いです。

しかしその他多くの作物は、硝酸態窒素のほうを好みます。一九五三年の古い論文になりますが、図29は硝酸態窒素とアンモニア態窒素の比率と、生育量との関係を表したものです。多くの作物にとって、生育が良好な比率は、硝酸態窒素：アンモニア態窒素が一〇：〇〜九：一となっています。

有機質肥料が多用される現在の有機農業においては、土壌中のアンモニア態窒素が高く、硝酸態窒素が低い傾向にあります。理想としては主にアミノ酸を吸収し、補うように硝酸態窒素を吸収できるとよいのですが、アミノ酸がアンモニア態窒素に変化し、水分が多い還元土壌のまま推移すると、アンモニア態窒素が三つの中で一番多い状態になります。そうすると生育が悪くなってしまいます。

一方で、化学肥料を用いる農家の場合は硝酸態窒素が多く、九：一の比率を保っています。それによって、収量を維持できているのです。

結論から言うと、有機質肥料を多用している農家の間で、硝酸態窒素よりもアンモニア態窒素が多くなっており、その比率は一：九〜三：七と深刻です。一方で、頻繁な耕耘や中耕を行う畑では、酸素が供給されることで硝化菌が活発化し、アンモニア態窒素が酸化されて、硝酸

硝酸態窒素とアンモニア態窒素の比率と野菜の生育

硝酸態：アンモニア態	トマト	インゲン	ホウレンソウ	カブ	キャベツ	タマネギ
10：0	100	100	100	100	100	100
9：1	91	109	79	117	115	100
7：3	95	103	77	111	103	77
5：5	87	78	83	89	92	92
3：7	61	63	65	67	48	72
1：9	35	21	37	42	23	40
0：10	18	9	14	17	13	13

資料：岩田正利・谷内武信（1953）をまとめた柴田（2018）

図29　硝酸態窒素に比べてアンモニア態窒素が多いと、収量が下がる野菜がほとんどです。

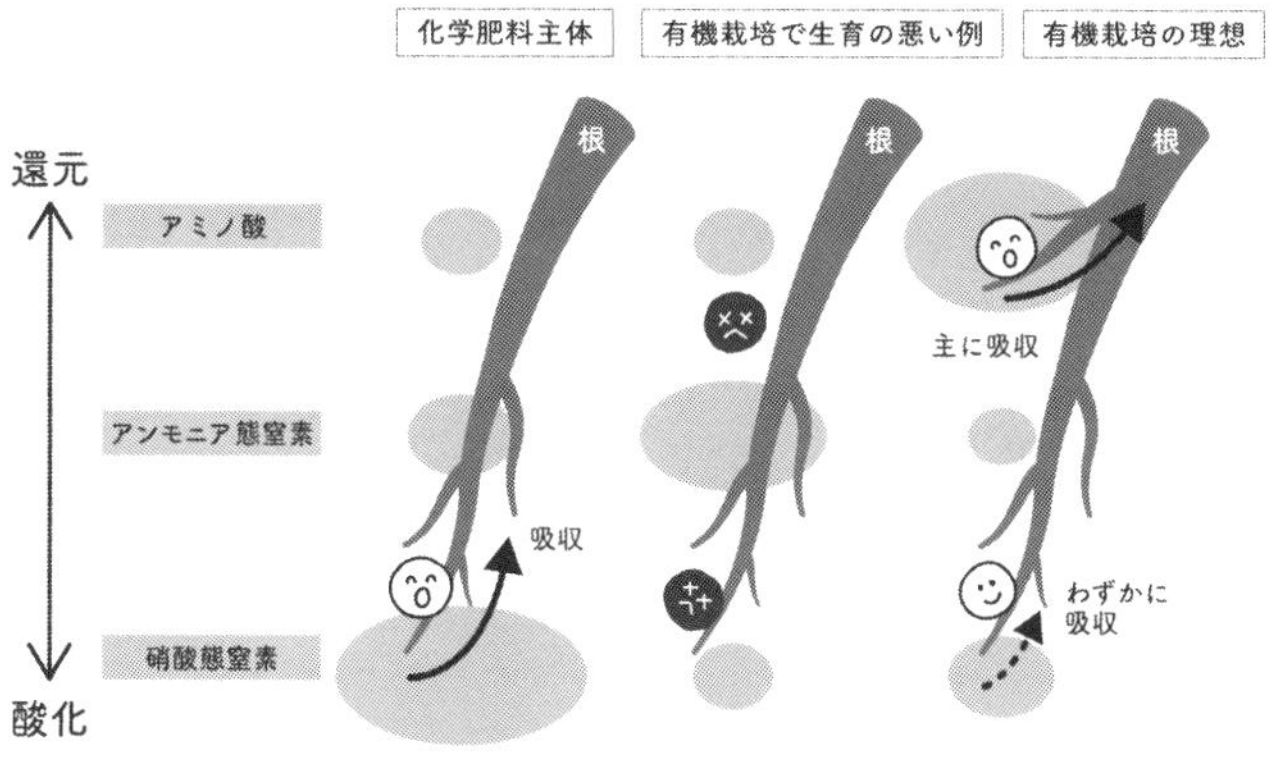

図30　有機農業の収量が、慣行農業より少ない理由。

態窒素の比率が高まっていると考えられます。筆者の圃場でも、アンモニア態窒素によるものと思われる影響が多数見られるようになったため、硝化菌（Ueta LABO販売「GS菌」※有機JAS適合）を施用するなど、さまざまな対策を講じています。

さらに、このような事態に陥っているのは有機農家だけではないという事実に気づくことになりました。近年になり、一部ですが慣行栽培の農家の間でも有機入り肥料が使用されるようになり、（アンモニア過剰の圃場で発症が多い）バクテリア由来の細菌病が増え、アルカリ化傾向にあるようなのです。農業現場を訪れると、「農薬が効かない、方法がない」と困惑していますが、この問題もアンモニア態窒素の過剰が原因であると考えられます。

そういう場合には即座に土壌分析を依頼し、無機態窒素の分析ではなく、さらにその中身の硝酸態窒素とアンモニア態窒素を分析してもらい、両者の比率を算出してください。そうして、アンモニア態窒素の影響が出ていないか調べてください。もしも出ているようだと、アンモニア態窒素の領域に存在する窒素が増えているので、硝化菌（GS菌）を施用するなど早く減少させる手立てが必要となります。

■土《ど》の設計

硝酸態窒素の比率を高めれば、作物中の硝酸イオン濃度が高まるのではないかと心配されるかと思います。その通りです。先述の比率は、慣行栽培だけに当てはまるものではありません。有機栽培も同じように、硝酸態窒素とアンモニア態窒素の比率が九：一の時作物はよく育ちます。ですが、比率を無理に九：一にすることはありません。そもそも、アンモニア態窒素がたくさん生成されなければ一のままでいられるのです。

一が二、三と増えていくのは、アンモニア化成菌による働きです。アンモニア化成菌にはいろいろな種類がありますが、納豆菌もその一つです。納豆菌でぼかしを作った時にアンモニアが出て、周囲が臭くて困った方もいらっしゃると思います。それが土中で出てしまうのです。ですから、納豆菌が活動しすぎるのも問題です（ただし、田んぼの秋ワラ処理は、気温一五℃のうちに納豆菌が活躍することでできる）。

納豆菌は酸素が大好きなので、酸素を遮断してやる必要があります。緑肥を栽培して土ごと発酵させる際は、納豆菌が動きすぎないようにフィルムで嫌気状態にしたり、乳酸発酵経路に向かわせる（乳酸菌を増やすためにオリゴ糖を加える）などして、乳酸菌や酵母菌にバトンを渡してやるのです。納豆菌を動かすのではなく枯草菌が活発になれば、このバトンがうまく渡ります。

もう一つの手段としては、太陽熱養生処理があります。太陽熱を利用して、微生物が長時間

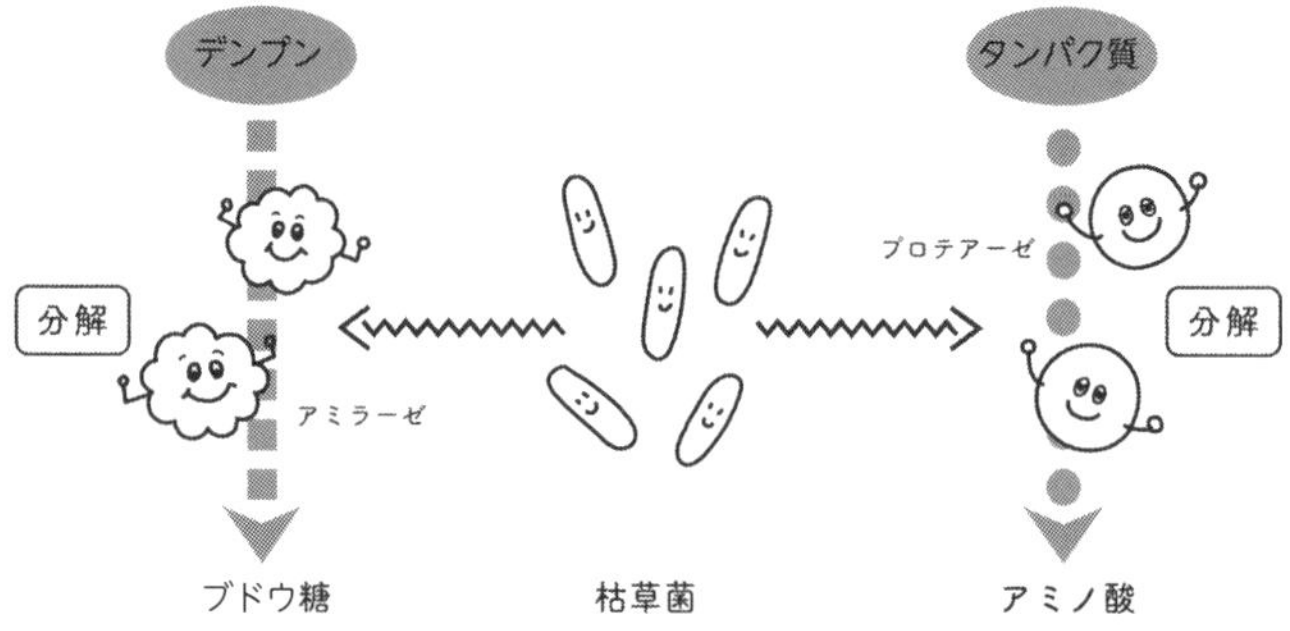

図31　枯草菌によって、タンパク質とデンプンは分解されます。

（三〇日間）活動しやすい環境（温度と湿度）にしてやることです。

なお、微生物が自分で発酵し発酵熱を高めて高温にすることは、地上で作る堆肥ならできますが、土中では難しいです。

大量の有機物を原料に土壌消毒をする土壌還元処理というのがあります。土壌還元処理は微生物に易分解性の有機物を分解させることです。その勢いを借りて、酢酸や二価鉄などを生成させ、病原菌を死滅させてしまうという方法です。ですが、この方法では温度が自発的に上がることはありません。なぜなら、大量の水を用いるからです。水の温度を上げるには、強い日射が必要です。

一方、太陽熱養生処理は、夏の日射で行うと決まっています。春や秋では弱く、地温はさほど上昇しません。筆者は、倉庫の肥料の片づけで、この太陽熱養生処理をよく用います。肥料養分を微生物の菌体に取り込ませるのです。

太陽熱養生処理を一言で言うなら、パンづくりのようなものです。仕上がってくると匂いも香ばしさがありますし、表面はカリッとして、中はしっとり、ふわっとです。

これをやり終えると、豪雨に強い畝が作れます。表土が流れにくくなり、カッパドキア現象が起きません。ですが、夏の日射が弱く、温度が十分上がらなかった時は、別の方法が必要になります。日射が弱いと十分な温度を得られないので、パンが中途半端な仕上がりになっています。

その場合は、なぜかアンモニア態窒素が高くなっているようです。アンモニア態窒素を上げないことが大切と言いましたが、もうすでに上がっているようなら、耕耘して畝を壊して、もう一度作り直してください。そうすることで、酸素が入って、アンモニア態窒素の領域を早く抜け出すことができます。ただし、土壌中の硝酸態窒素濃度が高くなっているので、アミノ酸の炭水化物部分を多く含む酢や糖蜜を用いて多灌水を行い、還元状態気味にして強制的にアミノ酸の状態に戻すしかありません。

■土を動かす

太陽熱養生処理がうまくできなかったという話を何度も聞きます。それは処理後、三日間晴天に恵まれなかったというのを理由にする人がいますが、それ以上に問題なのは、おそらく水分量です。水分が大量になければ、微生物の活動は活発になりません。微生物に働いてもらうためには、水分率七〇~八〇％にする必要があります。簡単に計算すると、だいたい一反に一〇〇トンの水が必要だと思ってください。

雨にすると一時間あたり一〇〇㎜の雨量です。天気予報で一〇〇㎜の雨量が予想される時は、事前に畝たてを済ませておき、雨がやんだらすぐに農ポリで被覆します。夏の晴天で、午後には乾いてしまいますので、できたら雨がやんで数時間以内が理想です。

農ポリを張る作業は、長靴が土にめり込んで足が抜けなくなります。その大変な作業が嫌で、太陽熱養生処理をやらないという人もいます。ですが、暑い日に足が抜けなくなるようなぬかるみでの重労働をしておけば、その後の雑草や土壌病原菌の発生を回避でき、さらには地力窒素が発現するので、栽培が容易になります。これが土を動かすということなのです。

また、土を動かすには、海産物を用いると非常に有効です。海産物の中でも昆布やワカメのヌルヌルは、フコイダンという多糖類の食物繊維です。フコイダンには、さまざまなミネラル（鉄分、マグネシウム、銅、亜鉛など）とアミノ酸（グルタミン酸、アスパラギン酸など）が含まれており、これらが太陽熱養生処理の期間中に、土を劇的に変えてしまいます。

絶対に短期間で土を変えなければならない場合には、このフコイダンを用いるとよいです。

筆者がとくに注目しているのは、多糖類と亜鉛です。この組み合わせを持っている資材は、昆布やワカメなどの海産物以外にありません。

亜鉛は農業分野では軽視されているミネラルですが、筆者のように動物を飼育しているとこのミネラルの重要性を強く感じます。粘膜を強化する特徴を持っていますので、外部と接触する鼻、口、腸、乳頭といったところの免疫が高まります。ですから、その粘膜を通して感染する病原菌やウイルスに対して強い抵抗性を有するのです。

動物の腸と植物の根は、似たような機能を有しています。動物の腸が元気になるように、植物においても根が元気になるのではないかと思います。これについての確かな学術的エビデンスはありませんが、現場の作業を通して経験的に感じるところです。

さらにもう一つ、資材を加えるなら、ビール酵母由来の還元性液体肥料を用います。有機ＪＡＳ認証資材ではないですが、これを用いて太陽熱養生処理を施すことで、作物の発根促進や、土壌還元作用による土壌病害の抑止効果が高まります。また、これを適正に施用することによって、土壌中に酸化固定されていた窒素やリン酸が可溶化されて、作物が吸収できるようになります。

■多様な土壌の意味

土壌の種類には、肥えたりやせたり、水はけがよかったり悪かったり、重かったり軽かったりなど、土の違いがあります。マクロ風土のような広範囲のエリアでは同質であることが多いので、一軒の農家の経営耕地において異なる栽培方針を持つことはなく、エリア全体で一つの方針に絞り込むことが多いように思います。微妙な違い、それは土壌種類の多様性なのですが、それを一律の考え方で、土づくりをしていきます。

日本の農業は、土づくりと称して、とにかく肥える土にすることだけを考えます。畑の生産力を高めるためという大義名分があります。ですが、それは多様性を失わせるということも忘れてはなりません。

多くの野菜は、やせ地で作ると規格品には届かないサイズになり、収量が少ないという、いわゆる「栽培が失敗」と非難される結果となります。このようなことは、自然栽培の野菜に多く見受けられますが、味はすごくおいしいのだけど、規格外なのだということになりかねません。また、小松菜やサツマイモなどの吸肥力が強い野菜の場合、多肥された土よりもやせた土で栽培したほうが、本来の味に近づけることができます。

日本中の農地すべてで同じように土づくりの方針を決めて、みながそこに従うようになってしまえば、多様性が失われます。自給率向上と称して国家戦略でやろうとしていることが、土壌の多様性を奪うようなことになってはいけません。

スイスやドイツの景観空間設計では、やせた土地を肥えさせてはならないと方針を定め、それを管理者が遵守しています。

やせ地にはやせ地の意味があるのです。つまり、やせ地を肥えた土に変える必要はないということです。農業においても、そのやせ地で育てられた野菜には、おいしい小松菜のように価値あるものがたくさんあります。その価値は残念ながら、いまの日本では通用しません。

しかし、価値が通用しないからという理由、またはそこで栽培しても経営的に成立しないという理由、さまざまな理由で農家がそういう土地を捨ててしまうという事態が起きています。やせ地を肥えた土に変えるには、多大な労力とお金が必要ですから、あえてそういう土地は手放すということです。

日本全国でそういう事態が起きているとすれば、これは非常事態です。土壌の多様性は存続させなければなりません。やせ地はやせ地なりの価値があるのです。そこで作られる野菜には、肥えた土にはない魅力と品質があるのです。

日本の味を一元化させてはなりません。いろいろな土があること、そして味や品質の違いがあること、それこそが日本で古くから営々と続いてきた、風㊌土で作られた本来のＦＯＯＤなのです。

第5章　風㊌土の多様性戦略

■作物圏の生物叢

人の体は、六〇兆個（三七兆個という説もあり）の細胞で構成されていると言われています。ですが、人の体の消化器官には、一〇〇兆個を超える微生物が集団で生息しているそうです。この細菌の集団を、細菌の草むら＝細菌叢《そう》と呼びます。細菌叢は、フローラ（花畑）やマイクロバイオーム（オームは集合体の意）とも呼ばれるそうです。

良好な農空間づくりでは、作物圏の生き物たちが棲むことのできる生息空間を整えることが設計上大切だと述べました。細菌叢は、まさにその考え方に近いものです。

人の健康維持には、腸内環境や善玉菌が大切だと言われます。善玉菌の種類と数が多ければ、悪玉菌や病原菌の増加を防ぐことができるのです。

さて一般的には叢（くさむら）と聞けば、ある特定の外来種がはびこる様子が頭に浮かぶかもしれませんが、その状態は農空間で言うところの悪玉菌が増殖した状態なのです。そうなれば、農空間に棲みついた独占種の一掃が必要となります。刈払い機で草刈りをするくらいではどうにもなりません。根茎を掘り起こし、寒さにさらして、根絶やしにしなければなりません。そうしなければ、他の種が生育できないのです。

農空間が良好であるためには、まず独占している種がいないことが大切です。意外に思われるかもしれませんが、作物も独占種に該当します。作物以外、何も存在しない風景は、果たして美しいでしょうか。農家なら何もないのが当たり前と思われるでしょうが、作物圏の概念からは逸脱しています。

ならば、作物圏では、どうすればよいのかと思われるかもしれません。たとえばですが、一年の中で休作している間に別の種類の作物を栽培する、二毛作でもいいです。イネ科とマメ科を同時に混播する方法もありますし、間作といって、畝ごとに作物を分けたり、畝の間や株間に別の作物を混植したりするのも効果的です。

つまり、農空間を、一つの種に独占させないということです。

一つの種が独占してしまう生態ピラミッドは、常に競合、略奪が起きています。それは人間社会における富に群がる大勢の民です。このような生態ピラミッドを、筆者は「増富生態ピラミッド」と呼びます。際限ない富の拡大を望んでも、何一つ良好な関係は生まれません。経済も生態も同じです。

理想は、「二種類以上の作物圏が、農空間に創出される形態」です。二種類以上の生態ピラミッドができると考えてください。三種類あれば、三つの生態ピラミッドとなります。この三つの山が重なり合い、農空間の生物種が豊かになるのです。この複数のピラミッドを、筆者は「多福生態ピラミッド」と呼んでいます（表紙の大根とカブはその一例）。

次に必要になってくるのは、ピラミッド同士の作用の結びつきだと思います。たとえば、リ

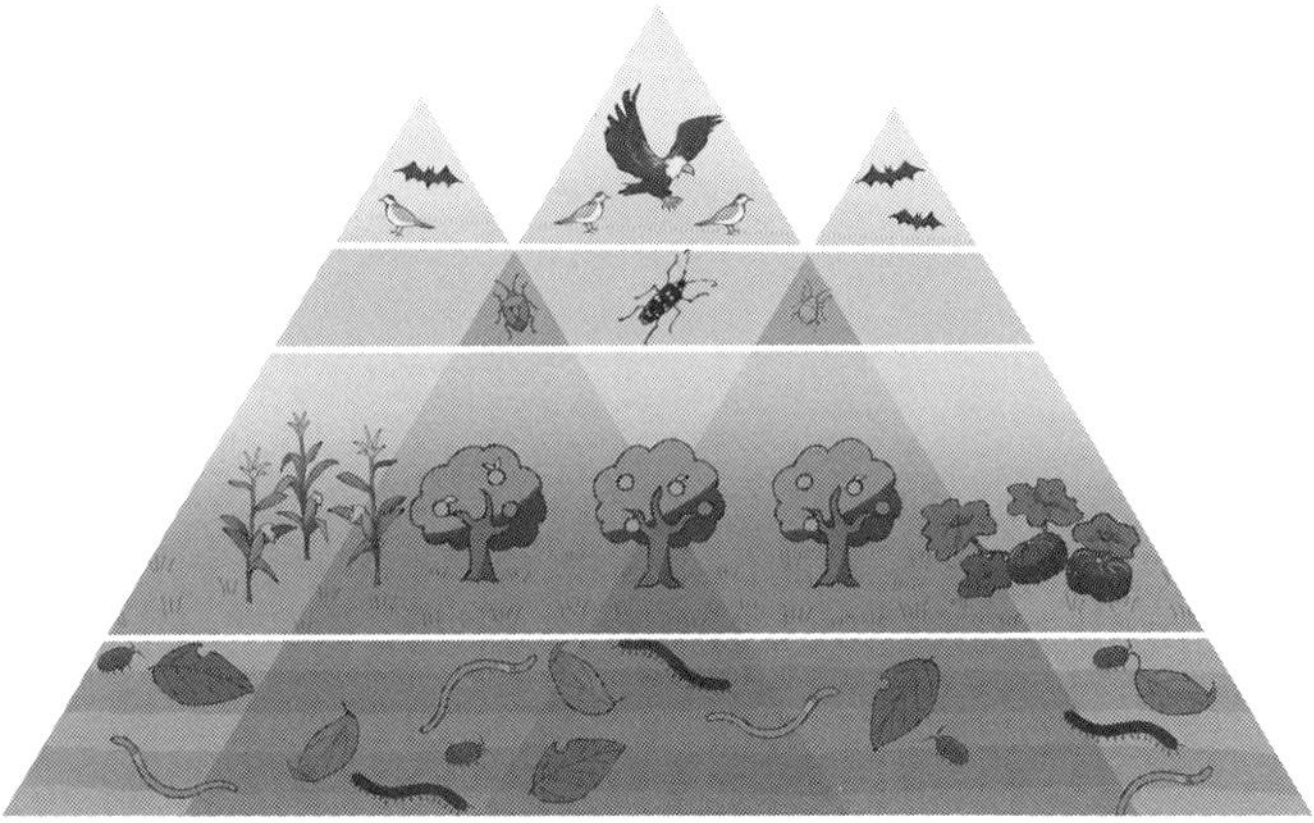

図32　多福生態ピラミッド

ン酸過剰の状態にあれば、リン酸の施用を中止することが先決と言われています。本来なら、吸肥力の強いソルゴー（緑肥）にリン酸を吸収させて、茎葉を持ち出し、リン酸の少ない圃場へ還元してやる方法が用いられます。ですが、これを圃場内でゆっくりと分解させることで、施用の代替法としての役割を果たさせることができます。この考え方をバイオマスリン（地力リン）と呼び、リン肥料の節約に役立ちます。また同時栽培できるのであれば、ソルゴーに寄って来る天敵も活用できるようになります。

逆に、リン酸の不足する圃場では、キマメの栽培も面白いと思います。キマメはマメ科の灌木で、東南アジアに分布していますが、ピシジン酸やクエン酸など複数の酸で、難溶解性リン酸を溶かすことができます。リン酸を吸収したキマメを圃場に還元することで、小松菜など少肥を心がける栽培畑では、バイオマスリンで補うことが可能になります。このように間作で用いる作物の作用をうまく利用して、主作物の作物圏を強化すればよいのです。

他にもコンパニオンプランツという言葉がありますが、ここでも、複数の作物圏が混在します。作物圏は、いわば作物が「居心地いいと思える空間」ということです。

ジャガイモとインゲンマメは相性がいい組み合わせです。インゲンマメは日陰でもよく育ち、根につく共生菌（根粒菌）がジャガイモの生長を促すためどちらもよく育ちます。また、愛媛県の農家さんで、ナスとインゲンマメを混植し、面積を広げずに年収を三〇万円増やした方がいます。ナスを定植する一週間前に、ナスの株間にインゲンマメを播種するそうです。農薬は両品目に登録があるものを使用すれば、問題なく栽培できます。

サツマイモと赤ジソの組み合わせも、相性がいいと言われています。サツマイモは葉や茎（つる）に、アゾスピリラムという共生菌が棲みつき窒素固定を行うため、肥料分が少ない土でもよく育ちます。肥料分の多い土でサツマイモを育てると、つるばかりが茂ってしまう「つるぼけ」が起こります。つるぼけになると、イモが大きくならなかったり、おいしさに欠ける水っぽいものになったりします。

そこで肥料分をよく吸う性質のある赤ジソを混植します。すると、土の中の肥料分が適度に奪われて、サツマイモはつるぼけを起こさずに、葉や茎で作られた養分がイモに行き渡って大

図33　シソとサツマイモ

きくなります。さらに、サツマイモを食害するアカビロードコガネの幼虫は、赤ジソのような赤い色の葉っぱを嫌うようです。赤ジソがあることで、寄りつきにくくなるようです。

これは森林空間における作物圏の例ですが、アカマツと雑木との関係をつなぎ止めるマツタケもそうです。マツタケは菌根菌でアカマツに寄生し、貧栄養の土壌でアカマツ以外の樹木（雑木）が生育できるように、栄養素の共有を行っているそうです。

つまり、アカマツとその他の雑木と複数の生態ピラミッドが重なって、多福生態ピラミッドとなった底辺には、菌根菌が生息しているのです。

逆に、相性の悪い組み合わせもご紹介しておきます。キュウリとメロンは居心地いい空間が似ていますが、近くに植えると、高糖度が特長のメロンがキュウリのように苦く青臭くなってしまいます。

■作物圏の形態と配置

作物圏は、作物を含む異なる生物の集合体と定義づけていますが、この考えはビオトープ（生物の生息空間）の考え方に非常に近いと思います。国内で作られたビオトープには、メダカのビオトープだとかトンボのビオトープだとかがありますが、その種だけを保護してそれ以外の生物は排除するという考え方ではありません。それを主体として捉えながらも、関係する生き物も同様に保護していくという考え方です。ですから、本著でも、作物圏の形態と配置として、ビオトープの原則を載せている日本生態系保護協会の『ビオトープネットワーク』から引用させていただきます。

Ａ　生物生息空間はなるべく広い方が良い。
Ｂ　同面積なら分割された状態よりも一つの方が良い。
Ｃ　分割する場合には、分散させない方が良い。
Ｄ　線状に集合させるより、等間隔に集合させた方が良い。
Ｅ　不連続な生物空間は生態的回廊（コリドー）で繋げた方が良い。
Ｆ　生物空間の形態はできる限り丸い方が良い。

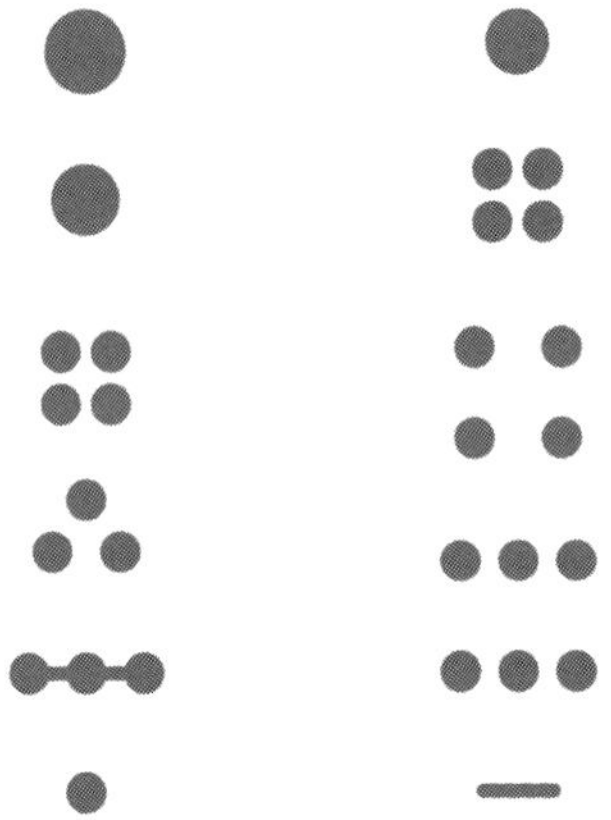

図34　よい形態と配置（左）／望ましくない形態と配置（右）

原則を図化したものが、図34です。このように右よりも左のほうが、まとまりのある形態や配置をしています。こちらのほうが望ましいということです。

形態や配置だけでなく、この丸いという形状にも着目してください。人間が作り出す住処（ビルや家屋、農場など）はどこも四角形です。ですが、生物は本来、四角ではなく丸い形状に集合し、安定した空間を作り出します。

さらに発展させた考え方として、筆者はこの丸い形の中での作物圏の安定性、そして緩衝性、成長性を考慮すると、もっと立体的な三次元的な思考が必要ではないかと考えています。つまり垂直軸を交えた形態や配置です。

基本的に、このビオトープ図は、必要面積を確保するための周縁の延長をなるだけ短くする計算式から求められる形態や配置なので、これを立体的に考えると、必要空間を確保するための最小表面積の物体、つまり球体ということになります。

球体を農空間に、どのように作り出すか。

それは地上部においては、樹冠の張り出した樹木であったり、立体的な栽培であったり、さらに地下部においては、ミミズによって張り巡らされた孔道であったりします。その中に異常な気象変化といった外界からのインパクトに耐えられる、安定的な作物圏があるのです。その姿は、目には見えないものかもしれませんが、作物が健全に成長することで、作物圏が優れている証となるのです。

■地上の半球（風半球）——陽だまりと木陰

球体のような農空間が理想だと思います。実際にそういう形を想像されると、到底無理な話だと一笑に付されるかもしれません。ですが、どのような栽培空間においても、陽だまりや木陰が存在するはずです。温度や湿度、日射、風、こうしたものがほどよく空間内に安定して存在する、その形が球体であるという概念です。

一方で、木陰などの影をなくすことが生育を一番高めるのだという信念をお持ちの方もいます。ですが、こう考えてみてください。

たとえば、日陰では樹木温度が上がらないので、カミキリムシの被害が少ないと言われています。また、日陰には害虫が来ないとは言い切れませんが、障壁（高さがあるもの）があると、その下に育つ野菜には被害がないのも事実です。さらに天敵は、日射を好むよりは、葉の裏のようなやや湿ったところを好むと言われています。つまり、葉の裏や木陰などのやや湿った環境というのは、虫たちのバランスがよい状態に保たれているのではないかと思います。

畑全面に日射が終日照りつける空間は、想像ですが、害虫にとって天敵が少なく温度変化がなく活動しやすい、いわゆる害虫が独占できる空間なのかもしれません。

そうした意味からも、あえて温度差があったり、複数の植物の高さに差があったりする異質で多様な空間を創出することができれば、害虫を予防できるのではないかと考えます。

また、ビオトープの原則にもある「不連続な生物空間をなくす」ことも大事です。回廊でつなぐこと、それは夏には涼しい風を、涼しい場所から呼び込むような配置が必要です。あたかも、古い日本家屋の家の障子やふすまを取っ払い、部屋と部屋の仕切りをなくし、広い空間として、風を北の方角の部屋から流し込む手法と同じです。冬は逆に、障子やふすまを閉めて部屋を小さな小部屋にして、南の部屋の明り取りから入った光を中に導く配置をします。ですから、農空間においても、小さな空間を複数作ることで、包み込むようなぬくもりを作り出すのです。

全面を同質にして、生産効率を高めるか。あるいは多様な空間で生態系維持管理に努めるか。そのどちらを選ぶかは栽培者の自由ですが、前者の生産効率を高める方法は確立されていますので、その栽培パッケージを導入すればよいだけのことです。

ですが、生態系維持管理の方法は場所によってそれぞれ異なりますので、パッケージ化することは不可能です。場所に合った方法を採用するか、あるいは、新しい方法を見つけ出すことが必要です。この方法はまだ確立されておらず、開発途上にあります。ですから、有機栽培や自然栽培を営む人たちの人智の結集と情報交換が必要なのです。「もっといい方法がある」という議論を交わしていけば、生産効率だけを追求した栽培技術に引けを取らない、栽培技法が出来上がるはずです。

■地下の半球（地半球）

地上部の半球はイメージしやすいかもしれませんが、目に見えない地下の半球はイメージしにくいと思います。地下の場合は、根圏が球体に広がった時に、その周辺に土壌生物や微生物の集団が配備されています。

配備というのは、防衛というニュアンスを示すためにこういう表現を用いました。たとえば、センチュウによる被害が発生したとします。その場合、対処法はあまりありません。つまり増殖させてしまえば、沈静化するまで待つしかないのです。木酢《もくさく》液や炭を用いることもあります

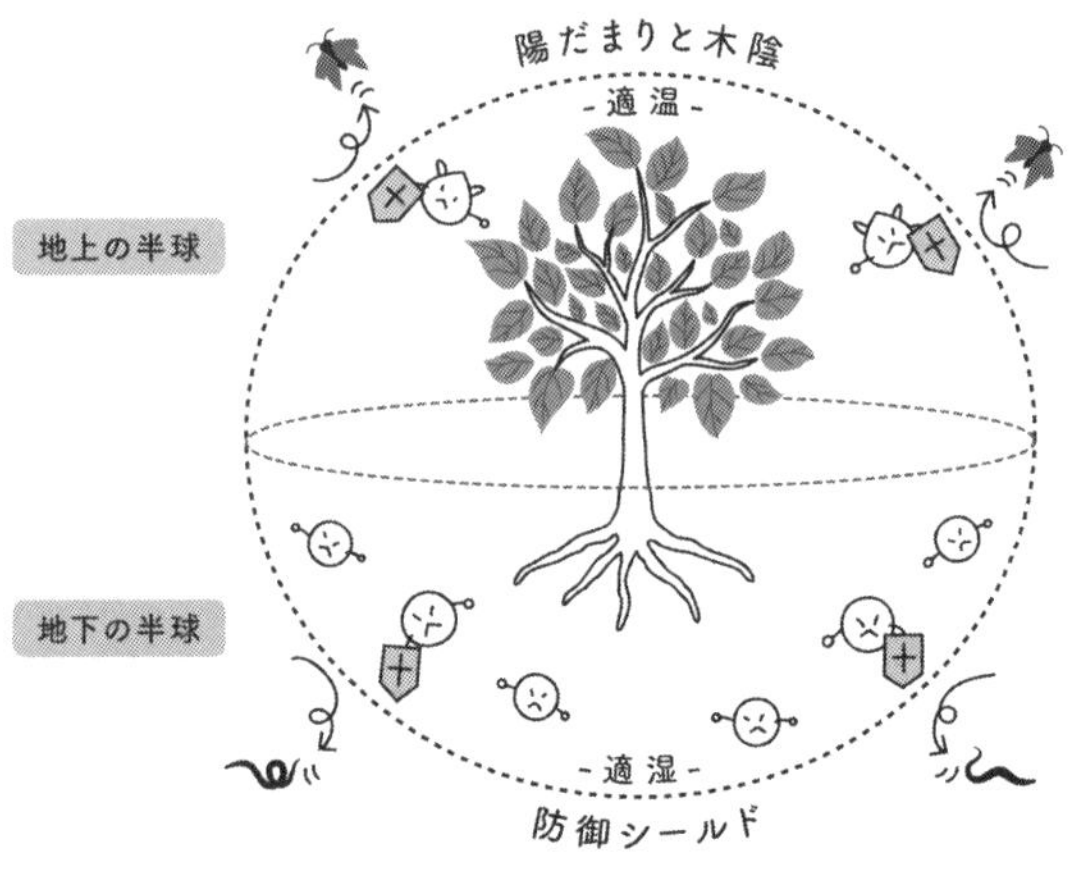

図35　作物圏の概念図は球体をイメージします。

が、やはり施用したからといって殺虫剤のように効くものではありません。

ですから、センチュウ害は、ただのセンチュウで防御するのです。ただのセンチュウが陣取り合戦で優勢に立てればよいのです。それは、善良な市民が多くいる街では犯罪が少ないのと同じことです。警察を配置したり自衛手段を高めたりしなくても、善良な市民がいれば、そうした取り締まりをせずに済むのです。

被害を及ぼす害虫はテロリストのように思われるかもしれませんが、危険なのは害虫ではなく、農薬防除などの強硬手段を用いる農家のほうだと思います。農薬が、農地生態系のバランスを乱します。生態系は、安定のほうに向かうはずが、一度の農薬散布で勢力図を変化させます。せっかくいた天敵が消えてしまえば、生き残った種が勢力を拡大します。天敵を守るため、ハウス内では農薬を使わないという農家がいますが、本当は生態系を構成する種の種類と数を変化させないためなのです。

土壌は、地上部と違い緩やかに変化します。土壌を改良するために資材を投じても遅効性で、時間がかかるし、多めに入れなければ効果が現れないということになります。

結果的に成果が待ちきれず、効果の薄い資材だということで、途中で中断してしまうことが多いです。しかし、継続して施用し続ければ、それだけ効果が現れる時が近づきますし、効果自体も持続します。

土壌では、餌と微生物を用意して予防的に待機する。その空間は、なるべく広く、深く、形状は作物の根元を中心とした球体をイメージして、防御シールドを作ることです。

高い畝を立てる方法や、畝の下にプラウ耕で排水対策を講じるのも、結果的に半球を作ろうとしているのと同じことです。つまり半球の一番深くなるところは、作物の直下なので、畝を高くしたり、深く根を下ろせるように柔らかくしたりすれば、根が大きな半球のように広がります。

■表面積と比熱が影響を与える生物の住処

農業の農という字をよく見てください。上の部首は、「曲」がるです。農業を営む人は、曲者が多いということでしょうか。冗談はさておき、農業現場における曲線は、非効率の証と言われます。また曲がったキュウリは日本では商品価値が低いです。曲線は農業において下手《へた》を意味します。しかし、自然界に直線は存在しません。

半球体を作るということは、表面積を最小限にする、つまり曲線で囲うということです。球体はその一例ですが、腐植や炭のような多孔性のある空間も表面積は大きいです。これによって、温度は下がりやすくなったり、上がりやすくなったりしますし、さまざまな生物の住処にもなります。

堆肥づくりにおいて、発酵が進みすぎてしまう時には、地面に薄く広げて乾燥させます。そうすれば、微生物（とくに納豆菌の場合が多い）の活動が落ち着きます。そうして乾燥させておくと、水分が蒸発するので、微生物は休眠します。通常なら納豆菌が窒素をアンモニアに変えて大気中に放出してしまうので窒素の損失が大きいですが、水分が減って休眠してくれれば、たくさんの窒素が堆肥中に残ります。そうして水分が減った堆肥を再び積み上げても発酵は起きません。このように、表面積を小さくしたり大きくしたりすることで、乾燥させたり湿潤なままで置いたり、さらに微生物の活動もコントロールできます。

もう一つ、比熱ですが、生き物が棲む空間の素材の比熱や熱の伝わり方が重要です。海で潮干狩りをする時に、アサリは波打ち際にいるものと思われるかもしれません。確かに大勢の客が押し寄せる浜では、少しでも波打ち際に近いところを掘ったほうが、たくさん大きな貝が採れると思うことでしょう。しかし、実際にそうでしょうか。アサリは、海水温が高くなるにつれ、肥大が進みます。ですが、水温が上がるのには何度も説明したようにタイムラグが起きます。その水温の上昇を待たなければならないはずなのですが、実際に漁師さんが掘っているのは、陸に近い大きな石の下なのです。

つまり砂は温まりやすい反面、小さい粒なので放熱もしやすく、蓄熱が弱いです。一方、大きな石は、内部まで熱が伝わり蓄熱されていて、なおかつその熱は下の砂を温めているのです。漁師さんの掘る貝は、巨大です。貝は、周囲よりも温かいこの空間を探し当て、そこで肥大していたのです。

これと同じ考え方で、高知では湯たんぽ（水封マルチ）という方法が用いられます。オクラの発芽は、地温が上がるという条件が必要です。春の地温上昇を待っていたら、発芽が遅れます。そこで、ポリダクトに水を入れて、播種した地面を温めます。そうすると、発芽が早まるのです。海で大きな貝を掘りあてる漁師さんと理屈は同じです。

蓄熱をさせるには、小さい砂粒子にするのではなく、なるだけ大きな石サイズにして、それを置いて地面に熱を伝えるのです。地温を上げるために、表面の土を鎮圧するという方法も同様に、まさにこの理論なのです。

■ミミズとカビは、トレードオフ

森林土壌における研究（論文「ミミズ個体数と植生および土壌環境との関係」）ですが、土壌pHや土壌の炭素濃度・窒素濃度は、ミミズの生育に直接影響を与える要因ではないということです。また土壌中のカルシウムが多ければ、ミミズが多いということです。一般の栽培畑では酸性土壌の改善のために、カルシウムが施肥されることが多いですが、カルシウムは殺菌効果があるため、カビのような糸状菌は殺菌されるのかもしれません。

よって、ミミズの少ない場所では微生物活性とくにカビ（糸状菌）が多く、ミミズが多い場所では糸状菌が少ない傾向にあるようです。つまり、ミミズとカビは、トレードオフの関係にあるのです。

また、有機物の供給源（周辺の樹木からの落ち葉）が一年を通して存在するところにはミミズも比較的安定して存在することから、常緑樹の下は落葉樹の下よりも光環境などが安定しており、環境変化や光等の刺激に敏感なミミズにとって、適した環境だと言えます。

栽培畑では、有機物の施肥によってミミズは一旦減り、糸状菌が分解をします。その後、土が落ち着いてくるとミミズが増えてくるということになります。施肥される肥料は落ち葉以上に分解が困難なため、ミミズにとって強い刺激になります。また施肥後の耕耘も、同様です。

その点、自然栽培は施肥がほとんどなされず、不耕起の場合も多いので、ミミズは生息環境を刺激されず、増殖しやすいのだと思われます。不耕起の自然栽培でミミズがよく見られるのは、刺激が少ないためです。もしそんなところに施肥をしてしまうと、刺激によってミミズは減少し、その一方で糸状菌が増殖するのです。糸状菌が増えてくると、糸状菌に属する病原菌も増えてきます。結果的に、施肥によって生育をよくするつもりが、逆に病気にかかりやすくしてしまうのです。

逆に、病害が多い場所で肥料投入をやめたら、カビが減ってミミズが増え、病気が減るということも起きます。

結論からすれば、萎凋病、つる割病、立枯病といった糸状菌が原因の病気を減らすには、ミミズを増やすことです。そのための方法は、なるだけ刺激を与えないことです。さらに複数の刺激があれば、ミミズは減りやすくなります。なので、刺激の頻度を減らすのです。刺激とは有機物施用、耕耘、被覆除去による光環境の変化、過乾燥などです。

経験上の話をしますが、生姜や大根、ニンジン、ホウレンソウの栽培は、「若い土」ではだめだと思います。若い土は、有機物が施用されて間もない土のことを指します。土との見かけ上の混和だけでなく、微生物の体にしっかり取り込まれている状態でないと、作物によっては成長が芳しくないのです。これらの栽培には、ミミズが関与してきます。ミミズがいる土では、土や微生物の中にしっかりと養分が蓄えられているということです。

自然栽培を実践する場合には、堆肥を施用する時に運搬車が表土を踏み固めた場合のみ、仕方なく耕耘し、施肥はなるだけ成形した畝の上に振り、表面だけ土を混ぜる浅耕というのがよいです。土を動かさないようにしてやることで、ミミズが生息する深さにダメージが及ばないようにするためです。

■種の多様性の基準

栽培畑の中で、どの種が必要で、どの種が不要か。そしてどちらでもない種はどれなのか。おそらくどの栽培者も明確な基準はないかと思います。また、それは好みの問題であることが多く、基準が曖昧なので、栽培している作物以外はすべて不要だと考えるのが普通だと思います。それは雑草だけでなく、昆虫や鳥、微生物すべてです。

もし仮にそうだとしても、長年栽培していると、「なんとなく残しておきたいもの」に出会えるのではないでしょうか。その残しておきたいものに気づくことが、多様性への第一歩だと思います。

筆者も就農当初は、雑草はすべて駆逐すべき対象（スギナやスベリヒユなど）のように思っていましたが、トキワハゼに出会った時、これは残しておきたいという気持ちになりました。

図36　ハナイバナ

栽培とは無縁なのですが、種の多様性を考えた時、それに存在意義があるかどうかだけを考えて種を導入するだけが大切ではないということに気づかされました。大切なのは、そこに自生しているものの中に、残してもよい種をいくつ見つけられるかです。

トキワハゼを大切にしていく思いが生まれると、それに近い種も気になるようになりました。「この草は残しますか」と同じ除草作業をする仲間が問いかけます。それはキュウリグサやハナイバナという同じ青い花をつける草を指します。それも残しましょうと答えます。もしこの除草基準を設けなければ、多様化に向けての方法としては、園芸用のスミレを植えるなど、導入という形しかなくなります。現在広まっている天敵を使った温室栽培も同様です。

地域に土着する天敵よりも、商品として販売されている天敵を購入することのほうが圧倒的に多いです。そのほうが採集する手間が省けて安価だし、効果が期待できるからです。ですが、これを繰り返しても、種の多様性は発展しません。作物と天敵、生態系として存在する関係は、ただそれだけです。

テントウムシのような天敵がいるのなら、いるほうがいいですが、害虫をすべていなくなるようにしてくれるわけではありません。一種類よりも複数の天敵がいたほうが生態系がより安定しますが、すべて食べ尽くしてほしいと願ってはなりません。なぜなら、害虫も作物圏の周りに必要な存在ですから。

昆虫の専門家に聞いた話では、天敵は青系の花を好むと言われます。先のトキワハゼやキュウリグサなどは紫や青色の花をつけます。トキワハゼが天敵を集めるバンカープランツになっているということは確認できていませんが、もしこの花をなぜ残すのかと聞かれたら、そういう理由を答えることができます。

ですから、意図的に残した種の理由や意味は、後づけでもいいかと思います。たとえば、昆虫でもゴミムシは、ただの虫ですが、時々ヨトウムシを食べたりすることもあるそうです。そういうことを期待して、ただの虫でも理由づけすれば、種の存在価値が高まるのです。

■みんな、みんな生きているんだ、友だちなんだ

高知出身の漫画家・詩人・絵本作家であるやなせたかしさんの作られた歌「手のひらを太陽に」の歌詞の一部です。歌詞の中に「♪ミミズだって、オケラだって、アメンボだって」というフレーズがあります。トンボやセミはわかるでしょうが、いまの子どもには、オケラというのが生き物だということはわかっても、姿を想像することはできないのではないでしょうか。

代かきをすれば、必ずと言っていいほどアメンボやオケラが出現します。オケラは土中で生きるのですが、田んぼに水が張られると、水面に浮かんできて犬かきのように鈍臭い泳ぎ方で水から這い出そうとします。

昆虫だけではなく、いろいろな生き物が棲むということが生物多様性のうえで大切なことなのです。

たとえば、アブラナ科であるアブラナは発芽しやすく、雑草化しています。そのため、同じアブラナ科のブロッコリーやキャベツなどを栽培していくのに、非常に役に立ちます。一般の農家さんは、薬剤を用いた土壌消毒で生えなくさせているのですが、アブラナ科が定植されて

図37　自生アブラナとキャベツの混植

いる同じ畝に自生することで、飛来害虫の標的にされにくくすることができます。標的がたくさんいることで、被害を分散させる目的で使えます。

同種のものが育つということは、求める栄養分も同じなので、土壌中の肥料分を植物体に一時的に貯留させ、作が終了して、土壌にすき込む時に再び土壌へと戻すことができます。土壌中の肥料分が過剰状態にある時には有効な手法です。

また、ミカンの例ですが、ミカンハダニやカイガラムシは樹上で生活しているのですが、圃場外の寄主植物で繁殖して飛来してくる場合があります。それらは、チャノキイロアザミウマやチャバネアオカメムシです。アザミウマは、園内にイヌマキや茶などがあることで、その出現頻度が高まりますし、カメムシはヒノキに群がるので、ミカンの園内には、それらの木をなるだけ植えないことです。つまり作物圏に加えてはいけないということになります。

テッポウムシと呼ばれるゴマダラカミキリの幼虫はミカンの害虫ですが、カミキリは大型昆虫のため防除は難しいです。ですから、防除ではなく、別の捉え方が必要かと思います。たとえば、その育てている空間は日射が強く乾燥しやすく細根が育たないということを伝えてくれる、貴重な生き物という考え方です。カンキツそうか病は、糸状菌（カビ）の仲間ですが、考え方では、その地下空間にミミズのような抗菌を作る生物が少ないことを伝えてくれています。

その他にも、キノコがミカンの株元に生えたとします。キノコが生息する空間は、水分が十分にある安定した温湿度の空間だと言えます。キノコは、分解者としての役割を持ち、さまざまな毒を浄化してくれる生物です。

こうした多くの生き物たちは作物圏に暮らす同じ仲間として、光や水、土、栄養などを互いに共有しています。共有するものは人間が有する貨幣のような富ではなく、生命体が欲する居心地のよさであり、安心感であり、やすらぎなのです。それを「福」と呼びます。多くの生き物たちが、福を感じられる農空間、それが「多福生態ピラミッド」です。

この生き物たちの役割を再確認するため、ミカン園の生物連関図を作成します。この連関図は、栽培者らを交えて話し合いで作成していきます。どの生き物が友だちなのか、そしてファミリーなのか、それらを図に書き込みながら、確認していくのです。そうすると、作物を支えてくれるたくさんの糸があることが見えてきます。そうです。その糸こそが作物圏ネットワークであり、生態系の系なのです。

「♪みんな、みんな生きているんだ、友だちなんだ」

■雑草を生のまますき込んではいけない理由

では、話題を少し変えて、雑草の管理について話します。

雑草は刈った後、どうしますか。多くの場合、持ち出すという作業手順を選ばれるのだと思います。しかしよく考えると、その農地にある肥料養分が雑草にも吸われています。施用した肥料が雑草を育てることになり、その雑草を捨ててしまうと、「無駄」のために体を動かしていたのではという反省が、栽培者を落胆させます。そのため、もったいないから、雑草を畑に戻そうとするのですが、多くの先輩たちから、雑草を生のまますき込んではいけないと注意されます。

その通りです。生の材料を深く入れないというのは、農業の鉄則です。なので、雑草を乾かしてからすき込もうということになります。

では、乾かすというのは何を目的としているのでしょうか。糸状菌（カビ）などの土壌病原菌の温床にしないため、というのも正しいと思います。また空気中で早く分解させるためというのもあろうかと思います。分解というよりは、太陽光で乾燥させて砕かれやすくするのだと考えられるかと思います。

ですが、雑草を天日干しで乾燥はできても、分解させるのは難しいです。そこで、米ぬかなどの易分解性の発酵過程に雑草の分解を便乗させるという手段が一番いいです。それによって、分解を短時間に終わらせることができます。

土まるごとぼかしという、ぼかしを土の表層で作るという考え方でもよいです。米ぬかと納豆菌なら、他の微生物の侵入を許さないほど早く独り占めしてしまいます。つまりカビなどが増殖する隙を与えません。土の中深くに入れると乳酸菌や酵母菌、放線菌などの餌になりますが、時間がかかりすぎてしまいます。時間がかかってもよいのであればそれでもいいです。ただし、夏ならそのかかりすぎる発酵時間を、太陽熱養生処理で三週間に短縮できます。

しかし夏以外の時期で、すぐに作物を育てたいのなら、納豆菌のような好気性の菌を増殖させて分解を進め、分解が完了するよりも少しだけ早い段階で、すき込むとよいと思います。「少しだけ早い」というのは、曇天などで時間がかかりすぎてしまうこともありますし、完了するまで待っていたら何ヶ月もかかってしまいますので、ある程度、手でほぐれる状態になれば十分だということです。そして、未分解の餌になる分を若干残しておいて、それを土中の乳酸菌や酵母菌に食べてもらいます。

■雑草駆除は、「居心地が悪い」環境にすること

雑草が生えない土づくりを知っているようだと、これまでに何人かの訪問がありました。筆者は、そんな神のようなことはできないと、あらかじめ前置きさせていただきます。

ただし、雑草をなくすには、雑草がこれまで進化してきた中で経験したことがない環境を作り出してやること、それしかないだろうと考えています。

それは太陽熱養生処理の六〇℃の高温であったり、乳酸発酵した強い酸性の発酵土壌だったり、砂漠のような乾燥だったりするのですが、いずれの方法を用いても、雑草が思い通りに消えてくれるということはないように思います。

ただし、アルファルファのようなマメ科のアレロパシーには期待をしています。マメ科の持つシアナミド成分が、雑草の発芽を抑制するのです。マメ科の中でも、アルファルファはその作用がとくに強いように感じます。

ところで近年、除草剤を用いて雑草駆除をしなければならないのは、おそらく多くの雑草が昔と比べて質《たち》の悪いものへと変容してきているからではないかと考えます。

根茎で土中を拡大していくスギナやヤブガラシのようなもの。発芽したと思えばすぐに種をつけてしまうカタバミのようなもの。またスベリヒユのような水分を多く含むもの。水分を多く含むものは乾燥しないため、根を引き抜かれても長く地表で生きられます。その間に自らの

水分で開花させ結実し、種を飛ばします。さらにタンポポのような拡散性の高いもの。水田雑草では、たとえばクサネムやヒレタゴボウなど。また畦には、キシュウスズメノヒエのような匍匐性の雑草が日本中で増えています。

このいずれもが、栽培体系と適合して拡大し生き残っているのは確かなことです。ですから、先述の多福生態ピラミッドという考え方は、輪作や混植、生き草マルチ（リビングマルチ）という複層的な考え方を導入しているので、特定の雑草種の生育に合致してしまった環境を正すことができるかと思います。

雑草は、そこの環境が居心地いいから、増殖するのです。仮にハウスの中を砂漠のように乾燥させ続けたら、雑草は生えることはできません。砂漠というのは、多くの雑草が進化上、経験したことのない環境だからです。しぶとい雑草には居心地悪く、作物には居心地よくさせることが大切です。

また、雑草には連作障害はありませんし、同じ場所で子孫を残し生存し続ける能力が、作物よりも高いと言えます。エゾノギシギシは、前の世代の枯れ草が土中に浸み込んだ土では種子の発芽率が高いと言われています。親世代が子孫を残せた土は安心できるということのようです。これは、他の種でも言えるかもしれません。多年草の場合、成長した雑草を根こそぎきれいに持ち出すことができたなら、次から発芽率が下がるかもしれません。ギシギシは全国的に広く分布する難駆除雑草ですから、多くの人の悩みの種だと思います。この根こそぎすべて持ち出すという作業を数年繰り返せば、徐々に減らすことができるかもしれません。

筆者は、主作物の休閑期に圃場を裸地にさせないための被覆作物（カバークロップ）として、麦類による抑草効果が高いように思います。エン麦や大麦、ライ麦、ギニアグラス、イタリアンライグラスなど、牧草と称する多種の麦を栽培してきました。季節ごとに麦の成長速度は異なりますが、時期と播種量の加減によって、生育密度を高めて、他の雑草との競争に打ち勝つようにします。スポーツに例えると、マルチを張って抑えるのが守りの戦略であって、競合できる種子を播種して他に打ち勝つのが、攻めの戦略だと言えます。

■恒常性

反芻動物の特徴ですが、ルーメン（第一胃）に入った餌は何度も口に戻ってきて咀嚼されます。常に新しい餌が供給されるのですが、その餌を分解する微生物や酵素が、ルーメンには常駐しています。もし仮に日頃与えているのと違う餌が入ってくると、微生物は対応できず、分解がスムーズにいかなくなったり、異常な発酵でガスが出たりします。ルーメンは、動物の体内にある発酵槽のようなものです。

牛を飼養する畜産農家は、このルーメンの恒常性に気をつかっています。恒常性が守られていれば、順調に消化できるので、牛の食い込みが調子よく上がり、健康が維持できます。

園芸農家の間では、こうした微生物の動きにはあまり注意が払われていないように思えます。有機物を入れる圃場は、巨大な発酵槽のようなものです。有機物を分解し、植物が吸える窒素の形態に変えてやらねばなりません。そのためには、定期的に有機物を入れて、微生物を常駐させることが大切です。

恒常性が維持できるようになると、微生物が安定して生息するようになります。それはどのようにして確認できるかというと、生の有機物を入れても土に変わる速度がとにかく速いのです。「生の有機物は入れてはいけない」と、営農指導員から指導される方がたくさんいます。それは、土の中にそれを分解するだけの種類と数の微生物がいないからなのです（ただし、先述のように太陽熱養生処理を使えば別です）。しかし、それを分解できるだけの微生物がいる場合は、生であろうがたやすく分解して、気がつくと土に変わっています。

恒常性ができていない圃場では、有機物がそのままの形で残り続けます。つまり、食べてくれる微生物がいないのです。そういう圃場には、発酵を終えてすぐに吸収できる形になった肥料を与えるべきです。

ですが、どちらの圃場が、安定して作れるでしょうか。生物多様性は、昆虫に限った話ではありません。微生物（分解者）も同様で、有用微生物の種類が多い圃場では、土壌病害が少なく、もし出たとしても軽微なもので済みます。

なおかつ、餌は高価な肥料でなくても、生の有機物でも大丈夫ということになれば、近隣のゴミや廃棄物をタダでもらってきて使うことも可能になります。そうなると、経営的にも非常に助かります。

■絶対失敗しない堆肥化技術

ぼかしや堆肥について、農業を極めていくとだんだんと市販の商品ではなく、自分で作ってみようという思いになるらしいです。近所の公園の落ち葉や食品工場から運び出される食品残渣などをみていると、これで堆肥ができるのではないかと思うようです。

しかし、それらをいきなり混ぜ合わせてもうまくいきません。なぜなら、その完成品が堆肥を作る同じ場所にないからです。同じ場所に完成品があれば、うまくできるのかと疑問に思われるかもしれませんが、その通りです。同じ原料で作られた完成品（ぼかしや堆肥）があればその堆肥はほぼうまくできます。

そのテクニックは、こうです。

まず、ぼかしや堆肥をもう一度動かします。つまり休眠している微生物を日覚めさせます。それには何が必要かというと、まず水分です。水分率が七〇～八〇％くらいになるように調節します。その後、その堆肥を起動させるスイッチが、スターターと呼ばれるものです。つまり、微生物の最初の餌です。糖蜜や米ぬかなどが適しています。それを混ぜた後、積み上げて温度の上昇を確認します。

数日して温度が上がってきたら、次にようやく生の材料（落ち葉や食品残渣など、自分が見つけた堆肥にしたい材料）を投入します。その際、絶対に混ぜてはいけません。ただ山の上に載せるだけです。山が隠れる以上に載せると主従が逆転しますので、適量にします。

すると、その上昇した温度が材料に伝わり、材料が徐々に完成品に馴染んできます。その後、数日して熱源が冷める前に混ぜ合わせます。最初から細かく混ぜるのではなく、塊が残る程度に粗く混ぜます。そうすると、微生物は徐々にやる気になってきて、材料を食べ始めます。場合によっては、急激にアンモニア臭が出始めるかもしれません。その場合は、糖蜜や米ぬかを増量し、アンモニア化するのを抑えます。

あとは温度が下がるのを待つだけです。温度が下がってきたら、切り返し（積み替え）をします。切り返しの際に、まだ残っている生の材料があれば、それを上に適量載せて先ほどと同じように山を覆います。

次に、完成品は山の中央にありますので、中央からかき出し、薄く広げます。広げることで乾燥し、微生物は休眠します。そうなれば袋に入れて長期保存できます。

この方法は、戻し堆肥という技術ですが、畜産農家は当たり前にやっている技術です。園芸農家からそういう発想が生まれないのは、畜産農家が日々追加される糞尿を処理する悩みを解決するのに編み出した、苦肉の技術だからです。

■資材・肥料の地産地消

地産地消という言葉は、一般化していますので、多くの方がご存じかと思います。産直マーケットやアンテナショップで使われる言葉です。農家直送、朝採れ野菜、こうしたPOPが野菜とともに並びます。

この地産地消をもう一歩進めてみてはどうでしょうか。野菜や果物は、エネルギーバトンだと言いました。太陽エネルギーを閉じ込めているのだと言いました。ですから、このエネルギーを取り出す方法をもっと考えていきましょう。

トウモロコシや大豆、麦、米、菜花、レンゲソウ。このうち四つは、世界の主要穀物です。これらを庭先で生産しませんかということです。また耕作放棄地や畦畔など、あらゆるスペースで育ててはどうかと思います。それらを収穫して商品にして販売するためではありません。消費する必要はありません。消費しないで何のためと思われるかもしれませんが、それで肥料や資材を作るのです。

たとえば、大豆のゆがき汁には、サポニンが含まれています。サポニンは、害虫に直射すると気門が塞がれ、窒息死します。つまり、殺虫剤の代わりになります。汁をペットボトルに入れて微生物を少し入れてやれば腐敗せずに、肥料養分を持つ活力液として長期間保存して使用できます。

トウモロコシは、土づくりには最適です。チッパー（粉砕機）があればなおいいですが、なくても二㎝サイズにカットすれば、もみ殻や落ち葉などどんなものとでも相性がいいです。そのまま密封すると液が出てきます。これはアミノ酸で、作物の生育には最適です。

ライ麦は、プラウの代わりに六〇㎝の深さまで耕してくれます。またライ麦の実を収穫した後のワラは、マルチ代わりになります。

米も先述したように陸稲で作れます（できれば陸稲専用品種がベスト）。水がないと作れないという概念を変えてしまえば、誰でも作れます。また、古米やサトウキビで、プラスチックの量を減らすことができる新技術があります。プラスチックに加工されるには、買取などをしてもらえるような仕組みづくりが必要かと思います。

菜花は、菜種油粕としても使われるように、窒素の自給が可能ですし、バイオディーゼル燃料にもなります。レンゲソウも田んぼの元肥《もとごえ》となります。

地域で肥料や燃料、資材を生産できること、そしてそれらを地域で消費すること。これは、自給率の向上にも貢献しています。なぜなら、いまの日本の低い食料自給率は、食料品そのものだけでなく、生産段階における材料も、海外の鉱物や石油に依存しているからです。もしサプライチェーンが途切れたら、食料生産は下落の一途を辿ることでしょう。それを地域一体となって防ぎ、また持続的な生産体系にしていくためにも、こうした自給力が必要になってきているのです。

多福生態ピラミッドは、底辺が広く多様な生物に支えられています。ですが、それを維持していくのには、市販されていて入手しやすい肥料や燃料、資材を使うなど、市場経済に依存したシステムを利用しなければならないという課題があります。

今後は、より安定的で有事に強いピラミッドにしていくためにも、底辺に注がれる肥料や燃料、資材をなんとか自給していきたいと考えています。

第6章　理想の農空間構想と実践（事例4）

■目指すのは一〇〇〇年先

二〇二〇年、高知県香南市《こうなんし》野市町《のいちちょう》に園地を持つ、NPO法人しあわせみかん山代表の岩間さんが、筆者の自宅にいらっしゃいました。お話を伺うと、ミカン園の再生に協力してもらいたいという依頼でした。

先代が一九六四年の東京オリンピックの年に開園され、三〇〇〇本の温州ミカンを農薬と化学肥料で栽培してきたのですが、先代亡き後は後継者がなく、地主の方が周囲にSOSを出されていたのを引き受け、NPO法人を立ち上げ現在にいたるとのことでした。

岩間さんは、先代のような栽培管理ではなく、自然の力で果実が実る持続可能なミカン園へ再生させたいという理念を掲げて自然栽培を実践されていました。木炭やカヤなどを堆肥化したものを入れていました。

まず、現地を訪れる前に、地質の確認をしてみました。すると、園地は野市町の三宝山のすぐ近所にあり、四国を東西に横切るように帯状に分布する三宝山層群の一部に位置していたのです。三宝山層群には、玄武岩を含む石灰石が見られます。図38のように玄武岩はミカン栽培に適していることから、非常に興味を持ちました（三宝山層群は紀伊半島から九州にかけてのミカンの銘柄産地によく見受けられます）。

後日、実際にミカン山に足を運びました。園地には一部、石灰岩が実際にあるのが見られた

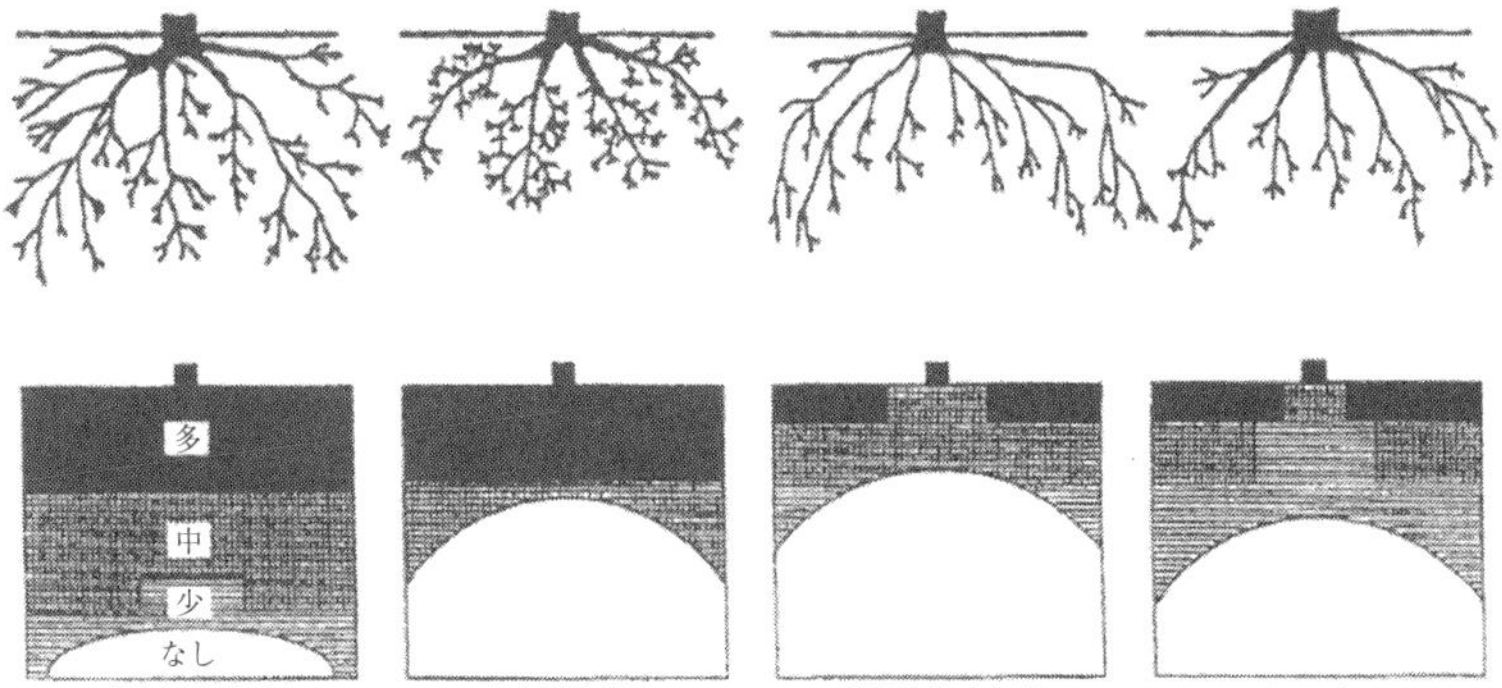

火山灰系土壌　玄武岩系土壌　結晶片岩系土壌　三紀層系土壌

土壌母岩による温州ミカン細根分布の違い

図38　資料：『土壌診断と対策』 p. 282　図5-38　長崎県果樹試験場（1985）

のですが、大部分は粘土質の褐色森林土でした。岩間さんに真っ先にお訊ねしたのが、「ここの園の一番いい樹を見せてください」という質問でした。それで案内されたのが、日当たりのいい、地面には草が生えていない裸地の一本のミカンの樹でした。葉には一部そうか病が見られますし、土を足でどけても乾燥していて、根が見当たりません。

筆者はミカンの専門家ではありません。専門家なら、日当たりのいいこの樹を一番いい樹と認めるでしょう。しかし筆者は土の専門家ですから、「これではありません」とお答えしました。驚いた顔が見えました。あたりを見渡し、「あの隅にある杉林の影地には、樹はないですか」とお聞きしました。すると、「あそこにあるのは老木です」と答えられました。「見にいきましょう」と伝え、案内していただきました。

その影地には、小さな老木がありました。「これはも

図39　日当たりのいい場所にあるミカン

図40　半日陰にあるミカン

う寿命なので伐る予定です」とのことでしたが、葉の艶や、足元の落ち葉を見て、筆者は答えました。「これはあなたたちの先生です。この樹を先生の樹と呼んでください」と。そして、根元の落ち葉を足でどけました。ミミズがそこにはしっかりといて、細根が見られました。

ここの園は一〇〇〇年先を見据えて活動をしているとの話でした。気の遠くなるような先の話ですが、ならばこちらも気の遠くなるような話かもしれませんが、とお伝えしました。

「あなたがたが目指しているのは、七三〇〇年前の土です」と。

首をかしげられました。この野市町には、七三〇〇年前の鬼界カルデラの大噴火の噴煙が大量に降灰しています。ホットスポットになっていて、低地部には黒ぼく土が堆積しています。

図38のように、保水性が高く耕土の深い黒ぼく土（火山灰系土壌）は、糖度の高い高品質な温州ミカンを栽培するには、適していません。むしろ適度な乾燥ストレスが与えられる粘土質の浅い土が適しているのです。ですから最初に見せていただいた場所に育つ樹のほうが本当はミカンには向いているのですが、こちらは自然栽培なので、糖度よりもむしろ病虫害に遭わない無難な栽培を選択するべきだと考えました。なので、七三〇〇年前の黒ぼく土が適していると言ったのです。

なぜ、こういう方向性を示すかというと、それは以下の内容で説明できます（日本土壌協会『土壌診断と対策』より）。

図41　引き抜いてみると細根が少ない。

「温州ミカンでは、樹に壊滅的被害を与える害虫にナガタマムシとゴマダラカミキリがいるが、樹勢が強ければナガタマムシは回避出来るし、ゴマダラカミキリの幼虫が樹に侵入しても樹液で死滅する例が多いという。

果樹園の樹の衰弱の原因は様々であるが、殆んどの場合、根の量的な減少が共通した現象として認められる。根、特に細根が減ってくると、地上部の生長に見合う養水分の供給が出来なくなり樹勢が衰える。細根の減少の原因は土壌の物理性の悪化による場合が多い。

根張りが不十分だとミカンでは日焼け果（炭疽病）が発生しやすく、また、干ばつ被害も起きやすく、食味も低下する。」

三年前に植えたという苗木（浅い粘土土壌の園地）を掘り起こしてみました。その通りでした。一人の力で引き抜けるくらいの根の張りでした。土をどけると細根はほとんどみられませんし、ゴマダラカミキリやそうか病にかなりやられていました。これは悪いお手本ですとお伝えしました。

■土壌分析・処方箋・施術――「土の学校」で教えたこと

園のゾーニング（区分け）をして、それぞれの園地の土壌分析を行いました。そうすると、図42のようにpH、EC、無機態窒素、カリ、苦土、石灰、リン酸、腐植、CEC、そのすべてが低かったのです。これまで一〇年間で育ててきた樹が全く成長できていないということが、すぐに理解できました。また、これまで先代が何を入れてきたのか。化成肥料とのことでしたが、おそらく鶏糞もかなり入れてきているようでした。

これまでの一〇年の失敗を繰り返さないようにしなければならないので、いくつかの資材を投入し、太陽熱養生処理で微生物の菌体に取り込ませました。これまでの土は菌数も少なく地力窒素も期待できない、ただのやせた土でしたので、そこでミカンを無難に作りたいという要望には届きません。

筆者がこのミカン園で開催した「土の学校」では、まず土が変わるということを教えました。土がやせている区画（三〇㎡）があったので、そこを実証圃として土を二ヶ月で作りました。

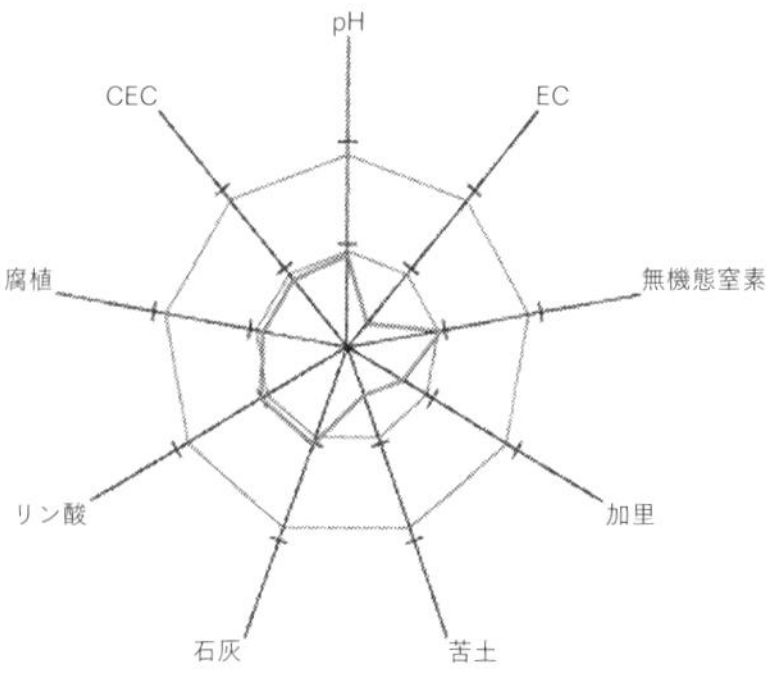

図42　事前の土壌分析結果（ビフォー）

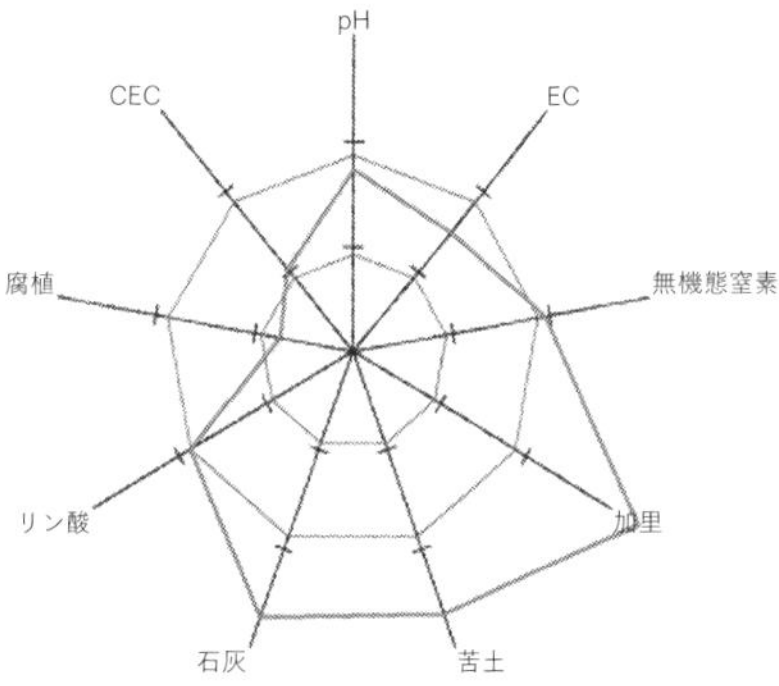

図43　施術後の土壌分析結果（アフター）

そしてトウモロコシを栽培してもらい、追肥を全く与えない栽培で立派に成長させ、それを受講生たちに確認してもらいました。「土づくりはこうしてやるのだ」というのを理解する入り口です。

そしてその後、苗木を仮植えする別の区画で、本格的な土づくりをすることにしました。一度教えているので、なるべく自分たちでやってもらいます。

用いる資材は、事前に設計ソフトで計算して分量を決めておきます。その必要な量とは、ミカンを育てるための必要量ではなく、太陽熱養生処理用に育てる緑肥ソルゴーのための肥料です。何を作るための施肥なのかを理解してもらうのに、これはソルゴー用の肥料だから、これだけたくさん入れるのですと説明しました。

診断結果と処方箋ではミネラルの不足を指摘されていたので、ミネラル資材を使用して不足を補い、その後、太陽熱養生処理で強制的に土壌環境を微生物が動ける温度と水

図44　太陽熱養生処理用のソルゴー

図45　太陽熱養生処理の様子

図46　細根が伸びている様子

分に変えました。微生物に機嫌よく活動していただかなければなりませんから、枯草菌、乳酸菌、酵母菌が喜ぶ環境を整えてやりました。人間ができるのはここまでです。

その後、土壌分析をした結果が図43です。腐植とCECはそれほど急激に上昇しませんが、それらについてはピンポイントで上昇させることができる資材を植穴に混用しました。

協力してくれた肥料屋さんが「どうやったの?」と質問してきますが、「土が動くようにしたのです」と答えました。微生物にしっかり食べさせて、菌体に取り込ませたのです。

■エコトープ区分図を作ってみよう

この農園に来た時、長老組と呼ばれる現場スタッフが在籍していらっしゃるのを知りました。一〇年も農園を守り続けてきた番人のような存在の方々です。突然ふらりと現れた、土壌医を名乗る男の話を易々と信用してくれるはずはありませんでした。そこで筆者は、エコトープ区分図を取り出しました。

エコトープ区分図は、農地の特徴を知るうえで非常に重要な地図情報です。景観生態学という学問に則って、多変量解析で作成されたものです。レイヤーと呼ばれる複数の地図情報を重層化させて、異なる機能を持つ領域から、複数の機能を有する空間を生成するものです。その結果現れてくる空間は、複数の意味を持つ農空間となります。

具体的には、クラスター分析という多変量解析をされた情報から、農園を複数の区分に分割した地図を生成します。図47が、エコトープ区分図の概念図です。

これを長老にお見せしました。一つひとつについて、特徴を述べることはしません。答えは農園を管理する人が一番わかっているからです。各区分の違いは、長老がよく知っているのです。雄弁に語ってくれます。

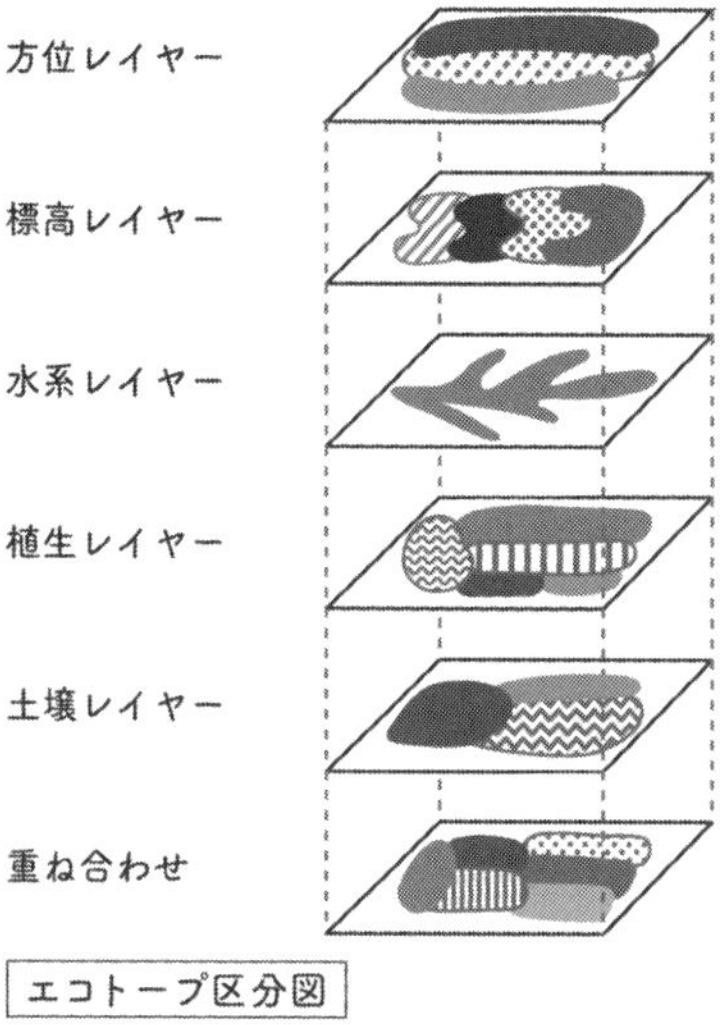

図47　エコトープ区分図概念図（伊東ほか［2003］の図-3、Ito et al.［2010］の Fig. 23.2 及び須藤［2022］の図 11.4［c］MFLP の概念図を一部改変）

農園全体でなんとかしようというのは、いわゆるマクロ風土の名残のようなものです。細かく区分してやると、異質性という具体的な空間が地図上に現れます。そうすると、説明は当人がいくらでもできるのです。ここは明らかに違う、こことここも違うと、話は尽きません。それが、ミクロ風土なのです。このエコトープ区分図には助けられました。その後、長老組が筆者の話に素直に耳を傾けてくれるようになったのです。

エコトープ区分図は、PC（表計算ソフトが必要）があれば誰でも作成できます。以下、段階を追って作成手順を説明します。

①地理情報の整理

微地形図（方角）、地質図、土壌図、植生図、水系図、標高図などを揃えます。それぞれの図が入手できなければ、グーグルマップの3Dを活用して、写真から判断して色分けしてもよいです。それをスキャンして、PCに読み込ませます。

作土深や日光の照射量、土壌流出への耐性、炭素の貯留量、土壌生物の種類などを数値化できるともっと面白いです。

②メッシュ角作成

当該農園の上空写真から、外周を決めます。航空写真を表計算ソフトに表示し、行（高さ）と列（幅）を調整して、一〇m×一〇m区画のメッシュにします。メッシュ数は一〇〇～一〇〇くらいがちょうどいいかと思います。メッシュ数が少ないと誤差が大きくなるので、区画を五m×五mに変更します。逆にメッシュ数が多いと、入力が大変になるので、区画を二〇m

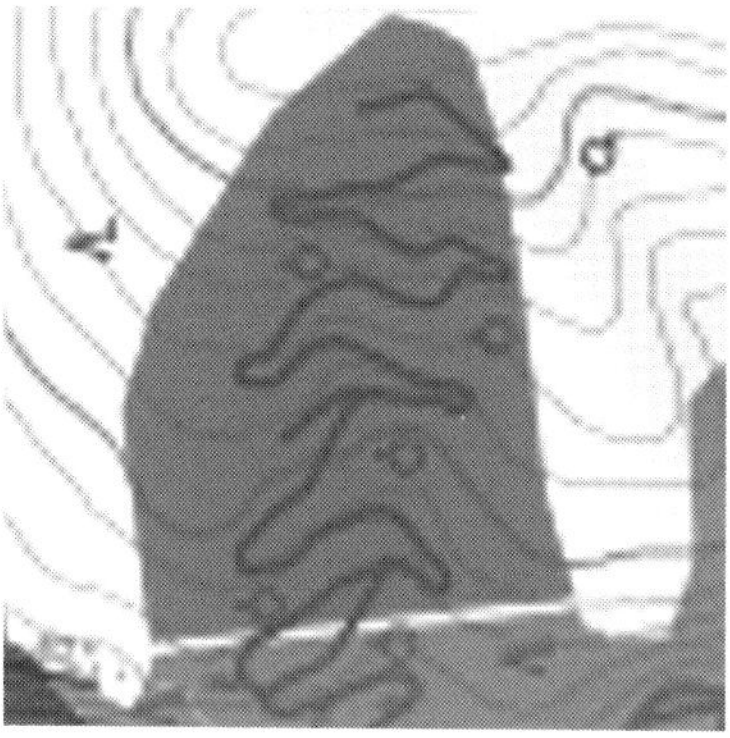

図49　土壌図

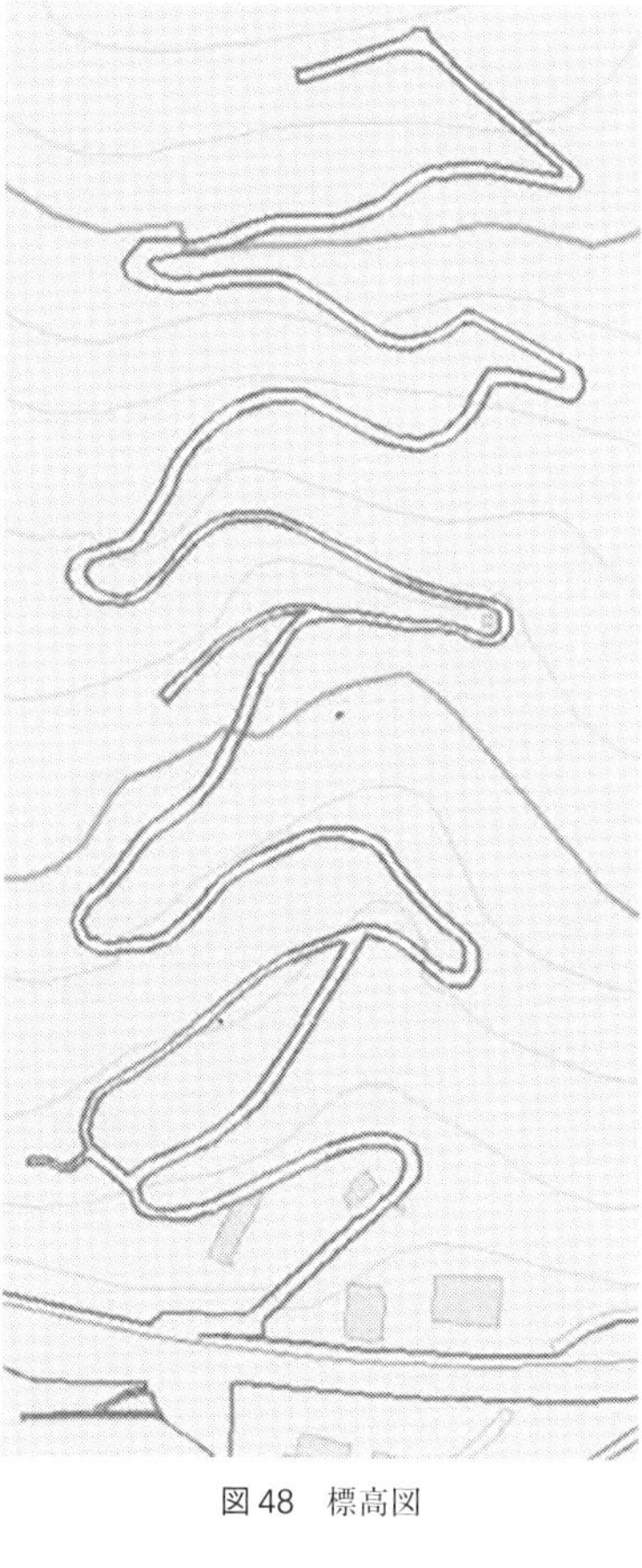

図48　標高図

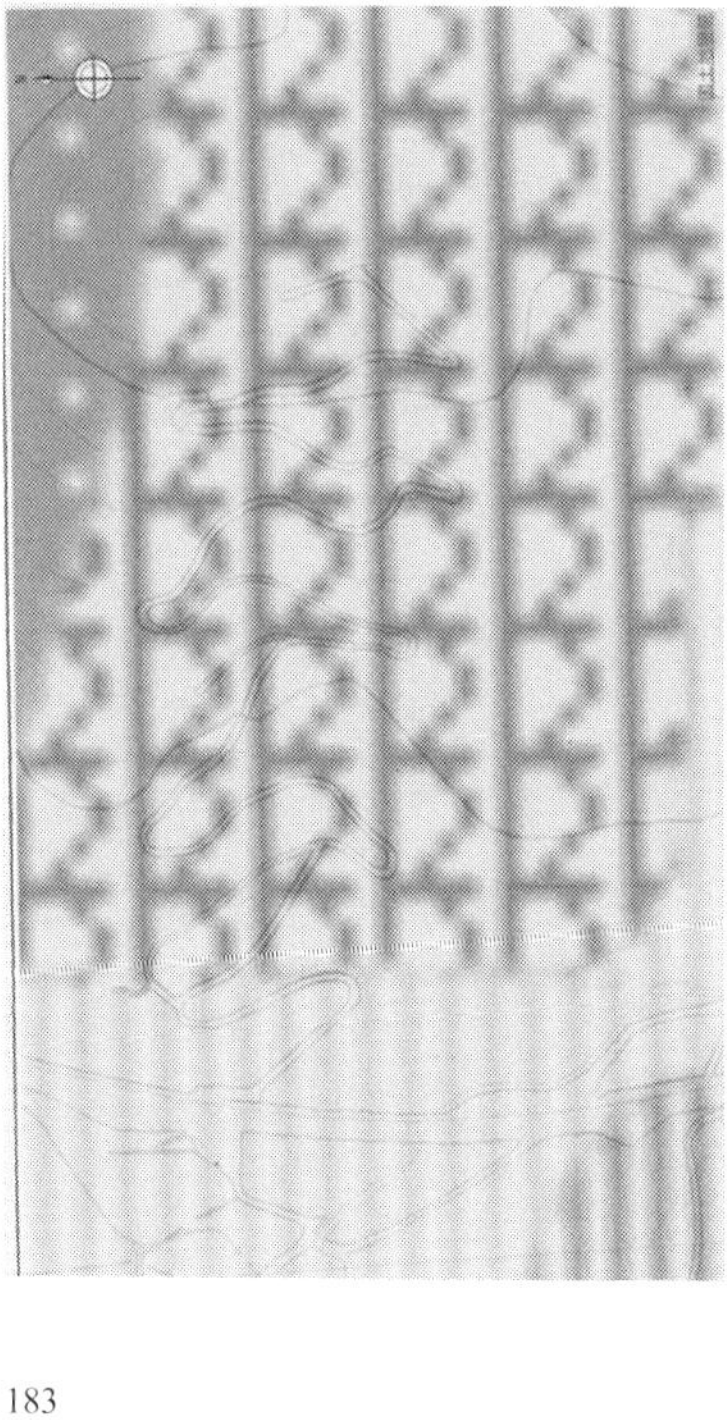

図50　植生図

×二〇mにします。左上から1番、2番とナンバリングします。

③重ね合わせ

地図を表計算ソフトに読み込んで、地図のサイズを拡大縮小し、上空写真のサイズに合わせます。上空写真を削除すれば、地図の上にメッシュを表示できます。

④データ読み込み

自分なりに基準を決めて、地図情報を数値化します。そして左上の一番のデータが、7（例）と判断できるなら、その数値を表計算の表に入力していきます。

⑤クラスター分析

すべてのデータを入力し終わったら、クラスター分析（グループ分け）をします。

⑥ブロック化

データが四〜一〇くらいに区分できるところに線（図53中の横太線）を入れます。そして、ブロックごとに書かれているメッシュ番号を色塗りしていきます。

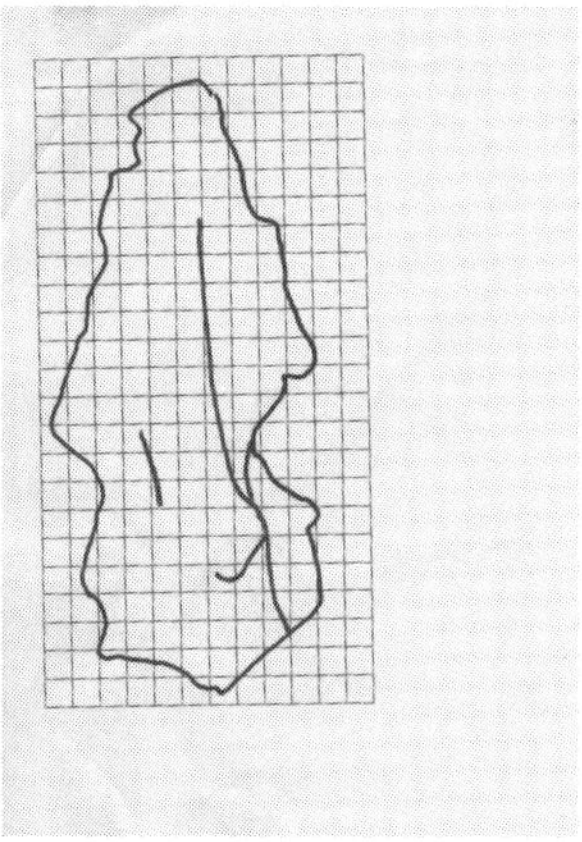

図51　③重ね合わせ（水系図とメッシュを重ね合わせた図）

クラスター分析　解析　EXCEL終了

Case No.	標高(気温)	日照	水系(有効水分)	微地形	地質	方位	土壌	植生
1	7	4	1	2	1	2	1	1
2	6	5	1	3	1	2	1	1
3	6	4	1	2	1	2	1	1
4	6	3	1	2	1	2	1	1
5	6	5	1	2	1	2	1	1
6	6	4	1	3	1	3	1	1
7	6	3	1	2	1	4	1	1
8	6	5	1	1	1	2	1	1
9	6	5	1	2	1	2	1	1
10	6	4	1	3	1	3	1	1
11	6	3	1	2	1	4	1	1
12	5	5	1	1	1	2	1	1
13	5	4	1	2	1	2	1	1
14	5	4	1	3	1	3	1	1
15	5	3	1	2	1	4	1	1
16	5	3	1	1	1	4	1	1
17	5	5	1	1	1	2	1	1
18	5	4	1	2	1	2	1	1
19	5	4	2	3	1	3	1	1
20	5	4	1	2	1	4	1	1
21	5	3	1	2	1	4	1	1

図52　④データ読み込み

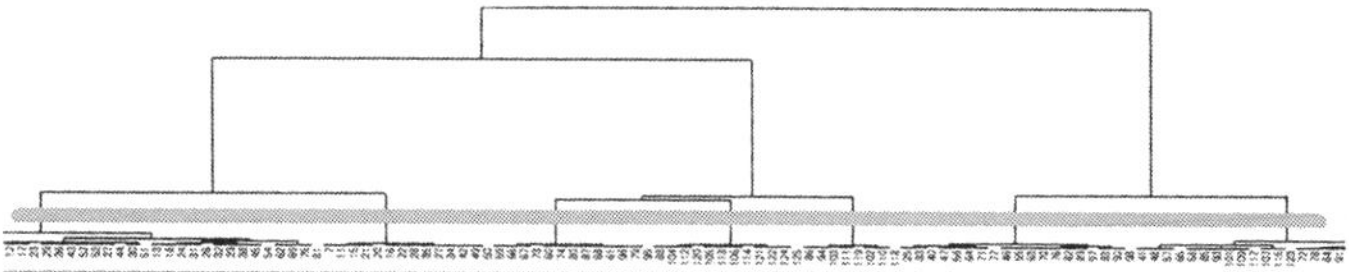

←太線

図53　⑥ブロック化

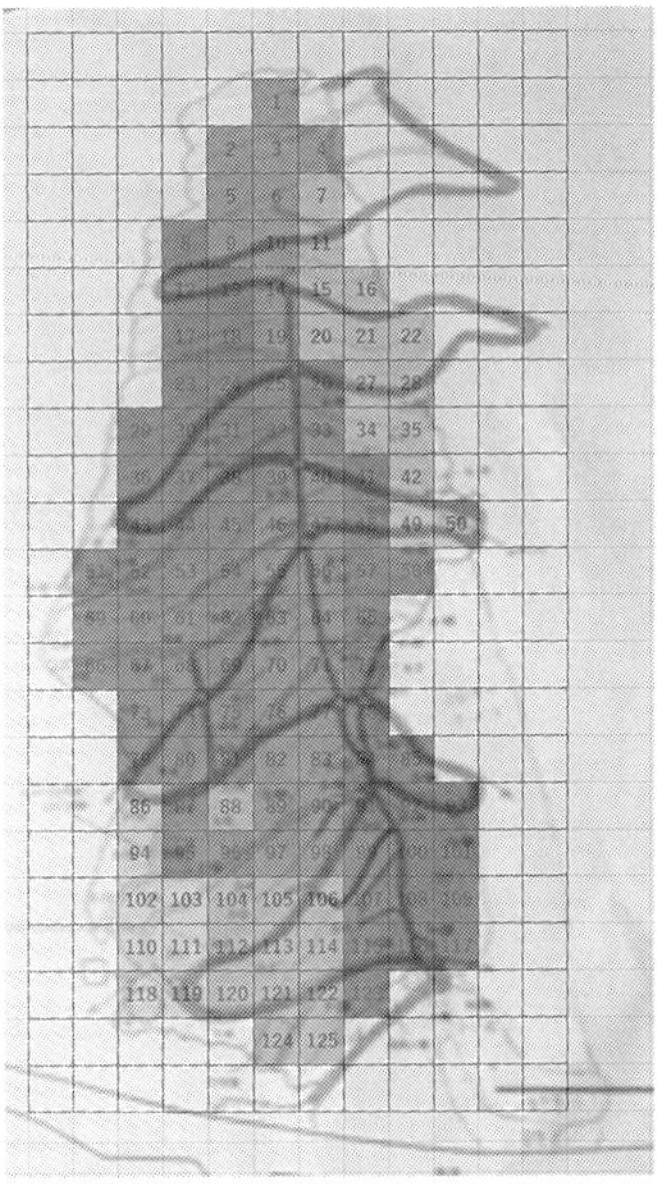

図54　完成したエコトープ区分図

⑦完成

色塗りされたエコトープ区分図の完成です。

なお、②～④をPCを使わずに、トレーシングペーパーの下に地図をおいて、ガラス窓にあてて、外からの光を透かして、読むという方法もあります。ただし、地図のサイズを拡大縮小コピーする手間がかかるので、大変です。

この手法はまだ農業現場では見たことがありませんが、土壌分析とあわせて、このエリアをどうするべきかという話し合いをするには絶対欠かせないアイテムだと考えています。

■土の学校の全体構想

二〇二一年、こうした事前調査を踏まえて、土の学校が始まりました。土の学校では、年三回のワークを通し、土づくりを理解、習得していきます。そして、「みかん山再生に向けた取

図55　土の学校

組みの『いま』２０２１年度中間レポート」が作成されました。このレポートから、以下、本文のまま掲載させていただきます。

当園は一九六四年に先代が山腹斜面の雑木林を造成し開園してから、五〇年以上が経ちます。この間に無数の雨風にさらされ、表土が流亡してしまっています。先代は化成肥料だけで栽培されていたということから、土壌の肥沃化は進んでおりません。また、難駆除雑草の過繁茂で雑草の根茎が無数にはりめぐらされ、苗木を移植しても根の伸長を阻害され、吸肥阻害を受けてしまっているのが現状です。

めざすのは、農業生産と生態系保全を両立させる農空間

温州ミカンの栽培技術は戦後に体系化され、化成肥料・農薬・除草剤ありきで確立されています。近年は市場の変化に応じ豊産性から高品質・高糖度を目指す品種改良が進んでいますが、甘いミカンにするためには水分コントロールによって樹にストレスをかける必要があります。しかしこれは樹勢を削ぐことと表裏一体で、肥料コントロールが欠かせません。また、高糖度系の品種ほどデリケートで病害虫に弱いため、より無農薬栽培が難しくなっています。

農薬や化学肥料に頼らない自然栽培の体系的な技術は、二〇二一年の現在においても確立されていません。当園ではそのような甘いミカンを目指すのではなく、毎年ミカンが「無難に実る」自然栽培の実現を目指しています。

「無難」というのは意外と難しいもので、近年は冷夏や干ばつ、豪雨に寒波など悪天候が多く、病害虫が蔓延し、果実の品質低下や、樹自体の枯死を招くからです。そこで私たちは、ミカンの樹が育つ周辺環境＝「農空間」に着目した整備を実践しようとしています。

ここでいう農空間とは、豊かな地力と多様な生態系に支えられた土壌であり、ミカン山が立地する地域の風土になじむ空間のことです。農空間を整えることで根がしっかりと張り、樹が「育ちやすく」なる。結果的に根量が増え、本来土壌にある養分をより吸収できるため、生命力が高く滋味深いミカンができる。このように農業生産と生態系保全を両立させる農空間づくりこそ、自然栽培の根幹にあるものと考えています。

「一〇〇〇年つながる農空間を」

土づくりと聞くと、土の中に何かを入れることを思い浮かべる方が多いと思います。しかしながら、有機質の肥料や資材でも毎年大量に投入しないと生産が維持できないような土づくりは、持続可能とは言えません。

一〇年、一〇〇年、さらにそれ以上の果樹園を構想している当園においては、そのような人力で行う土づくりを減らし、自然の力を上手に活用する土づくりを増やしていく必要があります。たとえば、緑陰を落とす落葉樹が園内にあると、夏の強い日光を優しく遮り、冬に有機物となる落ち葉を供給してくれます。また、段々畑の石積みは輻射熱を発して空気を温めてくれます。さらに、園地を包み込む防風林を多様な樹種で構成することで、天敵の住処をつくり、病害虫が拡がりにくい環境も育ちます。

こうした立体的な「仕掛け」によって、園内に「良好な農空間」を形成することができるのです。それはミカンの樹にとってはもちろん、そこに関わる人にとっても心地よい空間であり、地域の風土に馴染む景観であることでしょう。

そこで実るミカンには、生命力と自然の甘さが詰まっていて、深い滋味を感じられるはず。食の安全性だけでなく、私たちの身体と農空間をつなぎ、人と自然が共に生きる未来につなぐ力も詰まっていることを夢みています。

多様な樹種で
構成された防風林
益虫の住処にもなり
病害虫が広がりにくい
落葉樹が夏場は木陰、
冬は落ち葉を供給
強い風は避け、
ひだまりができる
草が土壌流亡を防ぎ、草の根が
地下に有機物や酸素を供給
みかんの樹に有益な草が
地表をつつみこむ

図56　参考：『パーマカルチャー——農的暮らしの永久デザイン』

成木園「むきだしから包み込みへ」

土壌は地表に近い層ほど柔らかく有機物に富むため、成木園では地中浅くに多くの根を張らせ、広い範囲で土壌の養分を吸収できる樹に育てていきます。しかし、地表近くの根は環境の変化による影響を直接的に受けやすく、成木の生育をも左右するため、周囲の微気象を上手くコントロールする必要があります。

そこで、一般に行われているミカンの樹以外の植物を生やさない「むきだし」状態の管理から、他の植物と共生する「包み込む」状態へと管理方法を変えていきます。例えば、ミカンの樹の足元を覆う一年生の草本は、地上部で土壌の乾燥や流亡を防ぎ、地下部では草の根が有機物層をつくりながら土壌を柔らかく発達させます。また、単一の常緑樹で構成されることの多い防風林に落葉広葉樹を混植することで、強い陽射しを和らげながら有機物を供給し続けるサイクルが育ちます。

このように、ミカンの樹とともに成長し、周辺環境を包み込む、立体的な農空間を整備していきます。

幼木園「お腹いっぱい食べてぐっすり眠る」

幼木はまだ根の量が少なく、高温乾燥や凍結などに負けてしまいがちです。丈夫な幼木が育つためには、土全体から養分をたっぷり吸収できることが求められます。環境の変化に負けずに根を伸ばし、健やかに育っていけるよう、土の中深くまで柔らかく、栄養価に富む土づくりを行っていきます。

■補足説明

むきだし空間を包み込み空間へと変えていくというのは、これまでの説明の総括だと言えます。半球や、表面積、比熱、生物多様性、作物圏、多福生態ピラミッド、こうした説明の意味するものが、この農園の場合「包み込み空間」でした。

他の農園では、また違う考え方が必要になることと思いますし、場合によっては同じように包み込み空間になるかもしれません。なぜなら、そこに何度も足を運び、関わる人と話し合いを重ねていくうちに、彼らやそこの自然に内包されている言葉を、じっくり見つけ出すという手間のかかることだからです。

このように、原理的なものから積み木のように組み立てていくと、完成するコンセプトは、そこで頑張る人や自然に意味のあるものだという ことが、おわかりいただけたかと思います。

図57　包み込み空間

けっしてパッケージ化された日本全国どこでも通用しますというようなものではなく、自分たちが生み出したアイデアで、自分たちだけのコンセプト、それは農場にとっての財産のようなものです。

生産高至上主義のようなパッケージ化された考え方はトップダウンの技術の上にあります。このミカン園の千年技術はボトムアップの技術です。誰もが口にする「儲ける」だけのトップダウン的命題には、辟易してしまいます。それを続けていては、農業の未来はありません。

最後になりますが、ここまでの話を読まれて本書のタイトル「一〇〇倍楽しくなる」ことの意味がおわかりいただけたでしょうか。

一〇〇倍楽しいのは、コツや裏技を教わるのではなく、上手な人の真似をするのでもなく、自分の農地にしかない「宝」を知ることだからです。自分の農地について、まだまだ知らない謎を解いて、ぜひ「解く農家」になっていただきたいです。

あとがき

農業は、地表の支配だと言われています。宇宙をはじめ自然界の秩序の◯（丸）と、人類の成長の□（四角）。□は地表を効率よく埋め尽くすことが出来ます。隙間は出来ません。合理的でなおかつ正確です。一方、◯で覆い尽くそうとしても、必ず隙間ができてしまいますし、曼荼羅《まんだら》に見られるように不思議な神秘性もあります。◯は、思想的でなおかつ個性豊かです。

経済学（economics）がギリシャ語の家庭を意味するoikosに由来し、nomicsは管理を意味するので、経済学は家庭の管理と読み替えられ、同様に生態学（ecology）は、家庭の科学と置き換えられます。つまり、家庭という概念がともに存在し、それを科学からアプローチするか管理からアプローチするかの違いで、両者の観点から判断してはじめて、家庭というものが価値づけられるのです。

作物のファミリーのような作物圏も同様です。作物を経済的な側面からだけ見れば、形状は□になるし効率が最優先となります。また出口がどこで、どのくらいの質と量が出荷販売されるのかがまず問われますし、前提となります。その場合、作物圏は非常にシンプルなものが要求されます。大小さまざまなモノカルチャーが世界を席巻してしまっているのは、この経済からのアプローチが強力であるからに他なりません。

ですが、多福生態ピラミッドの作物圏は、もう一つのアプローチを優先します。そちらからのアプローチは、◯という形状が意味するように、非常に原始的な印象を与えます。農業を先進的な産業へと発展させようとする場合においては、その姿勢は反感を与えてしまいます。

ピラミッドの頂点に立つ作物だけが唯一存在する空間は、ある意味、切れ味の鋭い、しかしその反面、脆《もろ》い刃のようです。

一方筆者が掲げる理論は、全くその逆で、切れ味が悪くても、しぶとく切り続けられる刃です。ですから、外生的な要因には強い空間であることは間違いないです。外生的な要因は、世界情勢の悪化や地球環境の変動といった、個人の力ではどうにもならない不可抗力のインパクトです。

不可抗力のインパクトに対しては、通常は事前に対策がなされているものではありません。その多くが予期せぬ出来事であることが多いためです。ですが、インパクトは過去にも何度もありましたが、近年、徐々に振れ幅が大きくなり、振れ幅が大きい分だけ、回復に時間がかかるようになってきています。場合によっては、不可逆的なものもあり、回復ができない事象もあります。

これからの地球では、しぶとく生きなければなりません。世界の農業界の新しいキーワードがこの「しぶとく生きる」＝レジリエンスなのです。

その時、空間の捉え方は間違いなく、「□ではなく○」でなければなりません。人間活動が収縮し、自然界の活動の力が増す時、人間は足るを知って、多くの支配空間を自然に還していかねばならないでしょう。そのターニングポイントが訪れるような気がしています。いつになるかはわかりませんが、そのための準備を徐々に始めなければならないと思います。

本書の出版に際し、企画から完成までお力添えをいただいた築地書館の土井二郎さん、文章校正を熱心に手がけていただいた築地書館の髙橋芽衣さん、イラストを制作していただいた遠藤みさきさん、また、圃場を案内してくれ情報提供していただいた、しあわせみかん山や農家のみなさま、本当にお世話になりました。心よりお礼を申し上げます。ありがとうございました。

田村雄一

竹内孝功『これならできる！自然菜園――耕さず草を生やして共育ち』2012　農山漁村文化協会

小祝政明『有機栽培の基礎と実際――肥効のメカニズムと施肥設計』2005　農山漁村文化協会

ビル・モリソン／レニー・ミア・スレイ（田口恒夫・小祝慶子訳）『パーマカルチャー――農的暮らしの永久デザイン』1993　農山漁村文化協会

E・P・オダム（三島次郎訳）『基礎生態学』1991　培風館

嶋田幸久・萱原正嗣『植物の体の中では何が起こっているのか』2015　ベレ出版

伊東啓太郎ほか「子どもの遊びと環境学習を目的とした小学校ビオトープ計画に関する研究――ワークショップによるプロセスプランニングの手法について」『環境システム研究論文集』2003 年 31 巻 pp. 431–438

Ito, K. et al. Landscape Design and Children's Participation in a Japanese Primary School–Planning Process of School Biotope for 5 Years. *Urban Biodiversity and Design* (eds N. Müller, P. Werner and J.G. Kelcey), Springer, 2010.

須藤朋美「景観生態学に基づく設計手法と設計後の活用」『景観生態学』（日本景観生態学会編）2022　共立出版

〔ウェブサイト〕 最終閲覧日：2023 年 4 月 6 日

知恵蔵「ATP」 朝日新聞社

植物 Q&A「紅葉現象」 一般社団法人日本植物生理学会〈https://jspp.org/hiroba/q_and_a/detail.html?id=388〉

ブログ「紅葉の不思議――赤い葉は光合成するの？」 株式会社名港フラワーブリッジ〈https://meikoflowerbridge.com/news/blog/labo/ 紅葉の不思議ー赤い葉は光合成するの？/〉

生物「【高校生物】 光合成①： チラコイドでの反応」 ココミロ生物〈http://kokomiro-seibutu.com/2020/05/04/kougousei1/〉

肥料の種類「有機肥料（有機質肥料） の基本と種類」 農家 web〈https://www.noukaweb.com/topics/fertilizer/fertilizer-type/organic-fertilizer/〉

新品農機情報「プラウ耕ってなに？」 ノウキナビブログ〈https://www.noukinavi.com/blog/?p=10271〉

農業ニュース「有機 JAS 認証とは？　基準や取得メリットまとめ」 マイナビ農業〈https://agri.mynavi.jp/2021_09_01_168466/〉

高校生から味わう理論物理入門「熱量・比熱・熱容量の公式と求め方」 学び Times〈https://manabitimes.jp/physics/1943〉

「②暗反応（炭素固定反応）」 未来 eco シェアリング〈https://miraiecosharing1.com/page-5445/〉

「⑤ ATP&NADPH と NADH の違い」 未来 eco シェアリング〈https://miraiecosharing1.com/atpnadph/〉

参考文献

〔書籍・論文〕
武内和彦『地域の生態学』1991　朝倉書店
岩田正利・谷内武信「窒素形態の差異と蔬菜の生育」『園芸学会雑誌』1953年22巻3号 pp. 183–192　園芸学会
日本生態系保護協会編著『ビオトープネットワーク――都市・農村・自然の新秩序』1994　ぎょうせい
島岡幹夫『生きる――窪川原発阻止闘争と農の未来』2015　高知新聞総合印刷
横山秀司『景観生態学』1995　古今書院
柴田勝「肥料と養分――硝酸態チッソ（硝酸イオン）について（その2）」『農業と科学』2018年10月1日　ジェイカムアグリ株式会社
中村好男『ミミズと土と有機農業――「地球の虫」のはたらき』1998　創森社
田村雄一『自然により近づく農空間づくり』2019　築地書館
「みかん山再生に向けた取組みの『いま』2021年度中間レポート」 特定非営利活動法人しあわせみかん山
尾上哲治・永井勝也・上島彩・妹尾護・佐野弘好「九州・四国三宝山付加コンプレックスの玄武岩類の起源」『地質学雑誌』2004年110巻4号 pp. 222–236　日本地質学会
藤井義晴「未利用植物の有効利用と調理科学への期待」『日本調理科学会誌』2008年41巻3号 pp. 204–209　日本調理科学会
日本土壌協会編『土壌診断と対策』2013　p. 282　日本土壌協会
日本土壌協会編『土壌診断と作物生育改善――土壌医検定2級対応 新版』2017　日本土壌協会
増井伸一「温州みかんにおける炭酸カルシウム微粉末剤を用いたチャノキイロアザミウマ防除」『土づくりとエコ農業』2019年6・7月号 pp. 18–21　日本土壌協会
アサヒバイオサイクル株式会社「ビール酵母由来の還元性液体肥料を用いた土壌還元」『土づくりとエコ農業』2019年6・7月号 pp. 59–63　日本土壌協会
市川隆子・高橋輝昌・小林達明「ミミズ個体数と植生および土壌環境との関係」『日本緑化工学会誌』2008年34巻1号 pp. 15–20　日本緑化工学会
「［営農ひと工夫］ナス株間のインゲン混植で収益化」2022年11月17日　日本農業新聞
「どう作る子実コーン　3. 収量確保のポイント」2022年11月23日　日本農業新聞
エアハルト・ヘニッヒ（中村英司訳）『生きている土壌――腐食と熟土の生成と働き』2009　農山漁村文化協会
「畑の地温はどう変わる？」『現代農業』2017年4月号 pp. 104–107　農山漁村文化協会
内田達也「借りた畑の9割は酸性土壌　土の緩衝能も測ってpH調整」『現代農業』2023年3月号 pp. 74–79　農山漁村文化協会
「ことば解説」『現代農業』2023年4月号　農山漁村文化協会

酵させたもの。アミノ酸肥料とも呼ぶ。C/N比13以下のものを指す。

無機態窒素 p. 110, 177

作物が吸収できるアンモニア態窒素や硝酸態窒素のことである。土壌有機態窒素（地力窒素）も条件（温度・湿度・pHなど）が整えば、無機化し無機態窒素となり、植物が利用できる。

明反応（チラコイド反応） p. 25, 52

光合成のうち、光に依存して進行する過程。葉緑体中のチラコイドで、葉緑素が吸収した光エネルギーによって水を水素イオン・電子・酸素に分解し、それらを用いてATP・NADPH・酸素を生成する反応。暗反応に引き継ぐ。

$2H_2O + 2NADP^+ + 3ADP + 3Pi$ + 光エネルギー → $O_2 + 2NADPH + 3ATP$

毛細管現象 p. 79, 83

細い管を液体の中に立てると、液体が管内を上昇して外部の液面より高くなったり、あるいは下降して低くなったりする現象のこと。土の保水力向上に役立つ。

有機JAS（日本農林規格） p. 16

JAS法（日本農林規格等に関する法律）に基づいた生産方法に関する規格。有機JASに適合した生産が行われていることを、登録認証機関が検査・認証し、認証された生産者や事業者には、有機JASマークの使用が認められる。認められるのは有機農産物、有機加工食品、有機飼料及び有機畜産物、有機藻類の5品目5規格。

有機質肥料 p. 103–108, 124

米ぬかや菜種油粕などの植物性の有機物、鶏糞や魚粉、骨粉などの動物性の有機物を原料として作られている肥料のこと。この肥料は、土壌微生物が分解していく必要があるため、肥料の効き始めがやや遅く、肥効が長く続きやすい。

緑肥 p. 73, 115–117

物理性や化学性、生物性の改善、それぞれの利用目的に合った複数の草種がある。野菜と同時に草種を栽培し、雑草を抑える目的の生き草マルチ（リビングマルチ）というのもある。多福生態ピラミッドを理解するうえでの重要なポイントである。

「前著」は『自然により近づく農空間づくり』を指す。

菌）。宿主から、光合成産物（糖）をもらう代わりに、リン酸などの吸収を助ける。

黒ぼく土 p. 83, 175

名前は、土の色と乾燥した土を触った時のボクボクした感触に由来する。黒ぼく土は、母材である火山灰土と腐植で構成されている。日本の国土の31%程度に分布し、国内の畑の約47%を覆っている。

硝酸態窒素 p. 108, 124

アンモニア態窒素が、硝化菌の分解作用（酸化）を受けて生成するものである。

生物性・化学性・物理性 p. 33

作物を栽培するうえで、土づくりを行うための重要な3要素のこと。まず物理性を整え、次に生物性を整え、最後に化学性を整えるというのが理想。（前著 p. 93 参照）

堆肥 p. 150, 166

有機物の素材や発酵の仕方によって、窒素は少ないものの腐植が多く、施用すると土の団粒構造を発達させるもの。C/N比15～25のものを指す。

太陽熱養生処理 p. 129, 179

好熱菌が活動しやすい環境（餌と水分）を整えたのち、太陽光で菌が活動しやすい温度帯にまで高めることで、土壌消毒を行う方法。土壌病害を減らすだけでなく、副次効果として雑草の発芽抑制効果や地温上昇効果がある。

天敵 p. 146, 156

害虫を捕食や寄生によって殺す他の生物のこと。たとえばアザミウマ類の天敵というふうに、害虫ごとに区別されている。複数の害虫を防除する目的の場合、それに適応した複数の天敵を導入しなければならない。

デンプン p. 106, 130

分子量の大きいデンプンは、微生物が分泌するアミラーゼ酵素によってブドウ糖に分解されることで、植物や菌が利用できる形になる。人がごはんを咀嚼すると、甘みを感じ、おいしく食べられるのと同じ。

バンカープランツ p. 20, 156

天敵の増加や温存に役立つ草種のこと。天敵を畑の銀行（バンカー）に貯金しておき、作物に害虫が発生した時に天敵を払い戻せるようにできる仕組みである。（前著 p. 155 参照）

比熱 p. 37, 56, 151

物質1gの温度を1℃上昇させるのに必要な熱量のこと。太陽光で温まりやすく冷めやすいか、あるいは温まりにくく冷めにくいか。気体・液体・固体の比熱の違いを利用して、農空間をデザインしていく。

プラウ耕 p. 94, 149

天地を返すように深く反転させる耕耘技術。緑肥や収穫残渣物などを土の下層へ埋め込み腐植化させ、下層のフレッシュな土を表層に出すことができる。肥沃度を向上させたり、空気を含みやすくして水はけを改善したりできる。

ぼかし肥 p. 116, 161, 166

有機物の素材や発酵の仕方によって、窒素が多く肥料的な効果が高くなるように発

キーワード解説（五十音順）

〔A ～ Z〕

ATP（アデノシン三リン酸） p. 51, 60

生体内でエネルギーの「通貨」としての役割を果たす物質。アデノシンに三つのリン酸がつながったもので、加水分解されてリン酸が一つ取れて ADP（アデノシン二リン酸）となり、それが各種の生命活動のエネルギーとして利用される。

CEC p. 177

土の塩基置換容量＝土の保肥力のこと。CEC を 100 とした時、そのうちの何％が塩基で占められているかを示すのが塩基飽和度。塩基飽和度の理想は、腹八分目の 80％である。（前著 p. 146 参照）

C/N 比 p. 104, 107

炭素と窒素の比率のこと。一般的な土壌においては 12 程度であり、12 に近い堆肥や肥料は土に近い成分ということである。それらは土に非常に馴染みやすい。12 より高ければ窒素を補わなくてはならないし、低ければ炭素（繊維）を補わなくてはならない。（前著 p. 134-142 参照）

NADPH（ニコチンアミドアデニンジヌクレオチドリン酸） p. 52

補酵素の一種。水分子の分解に伴う還元型化合物のこと。光合成の過程で、水分子が光によって酸素と水素に分解される際に発生する。この時、水素から電子を受け取った $NADP^+$ が NADPH に還元される。

pH p. 104, 177

水素イオン濃度。酸性・アルカリ性を示す値のこと。CEC が低いと、pH を適正に保つのが難しくなる。塩基飽和度が上がると pH も上がることから、塩基飽和度 80％前後で、弱酸性に安定する。（前著 p. 144, 145 参照）

アンモニア態窒素 p. 125

タンパク質やアミノ酸が、アンモニア化成菌の分解作用（酸化）を受けて生成するものである。　→硝酸態窒素

アミノ酸 p. 105, 125

土壌中に有機物の分解物として存在する、有機態の窒素のこと。約 500 種類のアミノ酸だけでなく、水溶性の低分子のタンパク質や、複数のアミノ酸が結合したペプチドも含めて、広義での多種のアミノ酸が存在する。

暗反応（ストロマ反応） p. 52

光合成のうち、光とは無関係に進行する過程。反応場所は葉緑体の中のストロマという部分で起こり、暗反応（炭素固定反応）と呼ばれ、反応プロセスはカルビン回路（カルビン・ベンソン回路）という。チラコイドから引き継いだ材料を組み立てるようなもの。　→明反応

菌根菌 p. 20, 142

植物の根と共生する糸状菌の一種。代表的なのはアーバスキュラー菌根菌（AM

著者紹介：

田村雄一（たむら　ゆういち）

1967年、高知県生まれ。

愛媛大学工学部電気工学科卒業後、1992年に第一種情報処理技術者（国家資格）を取得。

失われた自然の本来の機能を取り戻す土木技術「近自然工法」を福留脩文氏から学ぶ。同じ頃、窪川原発阻止闘争の中心人物、島岡幹夫・和子夫妻の有機農業思想に触れ、大きな刺激を受ける。

高知県「くらしと農業」懸賞論文金賞受賞後、1996年に父親の跡を継ぎ、農業を始める。

2006年、佐川町農村環境計画策定委員長に就任。

2008年に、近自然農業の実践を目指して、さかわオーガニック＆エコロジーラボラトリー（SOEL）発足。

現在は、400アールの経営耕地で乳牛とニラをはじめとするさまざまな野菜を有機で育てながら、土壌医として農家を訪問するなど精力的に活動している。

TAMファーム合同会社代表。

著書に『自然により近づく農空間づくり』（築地書館）がある。

自分の農地の風《ふう》・水《すい》・土《ど》がわかれば農業が100倍楽しくなる

2023年6月23日　初版発行

著者　田村雄一
発行者　土井二郎
発行所　築地書館株式会社
〒104-0045 東京都中央区築地7-4-4-201
TEL.03-3542-3731　FAX.03-3541-5799
http://www.tsukiji-shokan.co.jp/
振替 00110-5-19057
印刷製本　中央精版印刷株式会社
装丁　秋山香代子（grato grafica）

 ISBN978-4-8067-1652-5